气象信息化实用技术丛书

U1019381

Python 气象应用

周　洋　张涛涛　李文铠　黄艳艳　/　编著

气象出版社
China Meteorological Press

内容简介

气象工作涉及多来源数据读写和大数据处理等问题，从海量数据中寻找有用信息又涉及动力诊断和统计分析，以及将分析结果进行可视化呈现。Python 是可将上述任务一站式实现的计算机语言。本教材基于南京信息工程大学大气科学学院大气科学专业本科生开设的“Python气象应用”课程讲义，结合编者多年的科研应用和教学实践经验，总结出一套适用于气象应用的 Python 经验和习惯，将气象上常用的 Python 函数库以实际应用中的完整代码有机地编撰在一起。同样基于一站式思想，书中涉及 Python 语言的背景介绍、语法基础、数据读写、绘图、数据处理和机器学习等六大方面。

本教材适用于没学过 Python 但具备一定编程知识的气象学专业学生和相关从业人员。

图书在版编目（CIP）数据

Python 气象应用 / 周洋等编著. -- 北京 : 气象出版社, 2024. 12. -- ISBN 978-7-5029-8381-9

Ⅰ. P416-39

中国国家版本馆 CIP 数据核字第 2024MS6348 号

Python 气象应用

Python Qixiang Yingyong

周　洋　张涛涛　李文铠　黄艳艳　编著

出版发行：气象出版社

地　　址：北京市海淀区中关村南大街 46 号　　邮　　编：100081

电　　话：010-68407112（总编室）　010-68408042（发行部）

网　　址：http://www.qxcbs.com　　E-mail：qxcbs@cma.gov.cn

责任编辑：黄海燕　　终　　审：张　斌

责任校对：张硕杰　　责任技编：赵相宁

封面设计：地大彩印设计中心

印　　刷：三河市君旺印务有限公司

开　　本：787 mm×1092 mm　1/16　　印　　张：14.25

字　　数：320 千字

版　　次：2024 年 12 月第 1 版　　印　　次：2024 年 12 月第 1 次印刷

定　　价：80.00 元

序

自 Python 出现以来，历经多个版本的迭代，从最初的探索阶段逐步成长为当今全球广泛应用的编程语言，成为各行各业的主流选择，其发展历程不仅见证了技术的飞速进步，更在多个领域产生了深远的影响。本书的作者周洋，是我多年前教过的本科生，如今已成长为我领衔的陆气相互作用团队的骨干成员，以其不懈的努力组织编写此书，并诚挚地邀请我为此书作序。

气象软件应用贯穿于绝大多数气象科研和业务工作者的一生。作者对气象软件的应用经历，与诸多气象工作者有着太多的相似之处。从 Fortran 的数据处理初探，到 GrADS（Grid Analysis and Display System）绘图技术的掌握，再到 Matlab 的深入应用，都体现了作者对气象科学的热爱与追求。在 Python 问世三十余载之后，他因缘际会地踏入了 Python 编程世界的大门。以前我认为他使用 NCL（NCAR Command Language），在课程教学的合作中我发现他已经在熟练使用 Python 了。闲谈中知道，他踏上 Python 的用户之旅，是因为 NCL 将终止支持而转入 Python 开发。NCL 曾是气象数据处理与可视化不可或缺的重要软件，但是如今科学技术飞速迭代，唯有拥抱变化，不断审视并寻找新的技术支撑，方能不被时代浪潮所淘汰，方是高校教师和科技工作者的本色。许多想要学习和正在学习 Python 的同学和同行，都期望快速掌握这门新语言。目前关于 Python 的图书非常多，气象相关的虽然也有，但是书中的知识体系与气象工作者的编程习惯存在较大差异。作者从一位传统的气象工作者和授课教师的角度编写此书。面对 Python 庞大的函数库，作者经历了时间与实践的双重积累，经过不懈的努力，在 Python 中实现了气象领域常用功能的一一对应，从而构建起一套完整的气象应用体系。

2020 年，周洋参与了大气科学专业培养方案的修订，他力荐将“Python 气象应用”课程纳入新版培养方案之中，并携手张涛涛、李文铠、黄艳艳、朱丰四位老师，共同承担起课程建设的重任。课程一经推出，便受到了学生的热烈欢迎，每堂课都座无虚席。为了不负学生期望，五位教师提前许久精心筹备教学资料与视频，持续优化教学内容，力求为学生提供最优质的学习体验。经过多年的辛勤耕耘，课程组已构建起一套成熟完善的教学体系，涵盖从绪论到语法基础、数据读写、绘图、数据处理直至机器学习的全方位内容。尽管目前 Python 相关资源众多，但一本专为气象专业本科学生量身定制的教材仍显珍贵。本书应运而生，凝聚了作者团队的教学智慧与心血，旨在为学生提供一个更加便捷、高效的学习资源。

本书由四位作者联袂打造，内容较为全面地覆盖了气象应用的各个领域，以详尽的代码示例配合深入浅出的讲解，帮助读者轻松掌握 Python 在气象领域的应用技巧。编程之道在于知行合一，故书中不乏实战演练的机会，鼓励读者将所学知识应用于解决实际问题的过程中。受邀作序备感荣幸与欣慰，此书是对周洋个人工作努力与成就的认可。我深信本书将以其独特的视角、深入的剖析和实用的案例，为广大读者在气象科学与 Python 编程方面提供重要的参考。

2024 年 10 月于南京

前　言

20 世纪 80 年代后期，荷兰程序员 Guido van Rossum 发明了 Python，历经最初的 0.9.0 版，至 1.0 版、2.0 版，现在是较为成熟的 3.0 版。2020 年 Python2 的官方支持正式结束，Python3 成为主流版本。我正式接触 Python 是其被发明 30 年之后，亦是 Python3 正式发布 10 年之后。当时我还是一名 NCL 用户，看到 NCL 主页上公布 2019 年后不再支持，要转到 Python 上开发，给我带来了极大的恐慌，因为 NCL 是我用过的非常出色的气象数据处理和绘图的计算机语言。要理解这种技术进步带来的恐慌，可能要介绍下我的气象软件用户史。最初学习气象时，先用 Fortran 处理数据，后再用 GrADS 绘图。这样需要读写大量代码，偶尔能从师长那里找来一个写好的 Fortran 代码，但是不通读掌握，还是不敢放心使用。后来，我又学习了 Matlab，它提供了非常丰富的数据处理函数，用起来更方便。但是，Matlab 不完全针对气象用户，用它绘制含有地理信息的图形相较 GrADS 太麻烦。因此，那段时间我的气象软件应用是一个"三足鼎立"的局面，在我攻读博士期间，NCL "一统"了我的"三国"。当 NCL 不再开发时，我心里嘀咕，什么气象应用软件比它还要好？我意识到，这次气象应用软件的"变革"，必须要跟进。

初学 Python 是在 2018 年，当时买了 6 本关于 Python 编程、数据处理和机器学习的书籍。草读一遍，发现都不是我需要的，因为我当时弄不懂书里那些"莫名奇妙"的函数用法，跟原来培养出来的编程习惯截然不同。我需要一本完整介绍 Python 语法基础的图书，直到我读到机械工业出版社出版的译著《Python 学习手册》（美国马克·卢茨）。2018 年的"五一"劳动节期间，我读完了这本书的上册，学会了 Python 语法基础，掌握了语法基础，使用 Python 的各种函数真是如虎添翼。但是，麻烦又来了。Python 函数库太多，完全学会所有的函数是不可能的，要学习哪些函数库，哪些函数能应用到气象上是我的另一个难题，这需要时间和经验。经过两年的实际应用和积累，我基本上找全了以前 NCL 中常用函数在 Python 中的对应，形成了一套我的 Python 气象应用体系。2020 年正值我参与大气科学专业培养方案的修改工作，我呼吁在新的培养方案中加入一门关于 Python 气象应用的课程。作为发起者，我义不容辞地肩负起这门课程的建设。要开课,最大的问题是缺少老师,算上我,一共找到5位会Python且愿意上课的老师(张涛涛、李文铠、黄艳艳和朱丰),我还记得当时开课的“盛况”,每个班120多名学生,教室里坐得满满当当。

为了不辜负学生对这门课的期待,我们5位老师提前半年准备好课件和视频,视频用以应对新冠疫情时期的教学,现在成了我们重要的网上教学资源。经过2022—2024年3年对3届普通班和2届拔尖班的讲授,我们课程组对教学内容和资源进行不断地优化和调整,形成了一套较为成熟的内容框架,包括绪论、语法基础、数据读写、绘图、数据处理和机器学习简介6个方面,这也是本书6个章节的设置。现在关于Python的书非常多,网上资源也非常丰富,因此,我们一直在犹豫是否有必要再写一本书。经过3年对3届普通班和2届拔尖班学生的培养,我们发现编写一本教材对于学生课下的学习来说非常重要。一方面,把这3年教学过程中的经验融入;另一方面,为后面学生的学习提供便利。这本书的内容可以说是我们课程组3年讲义的变形体。不太相同之处在于,课上我们使用真实的气象数据,为避免数据下载的麻烦,在本书第3章我们自己生成一套数据用于学习,这样在书中形成一个小闭环。本书除了绪论和语法基础,第3—6章都是关于气象应用的,我们基本都以完整的代码呈现,在代码中插入讲解。气象应用更多是完成一项具体的任务,我们的代码也是为完成具体的任务而编写的。因此,在使用此书的时候,读者需要花工夫弄懂每行代码的含义。此外,编程是一门理论和实践并重的课程,想学会就必须要动手,使用本书时务必要边学边练,把本书中的代码弄懂了,输入运行一遍,学习Python气象应用也就成功了一半。另外,要举一反三,编程需要极强的联想能力,要把所学的用法联想到要解决的问题上。这种能力是需要在实际中多实践和总结经验的。

一共有4位作者对本书做出了贡献,周洋负责第1、第4和第5章内容,并对全书内容进行了统稿和部分内容的修改;李文铠负责第2章内容;张涛涛负责第3章内容;黄艳艳负责第6章内容。当然,还要感谢朱丰博士在早期贡献的第4章课件。最后,衷心感谢华文剑教授,以及我的三位硕士研究生刘滨硕、雷博阳、韩蕾参与校对工作;同时,感谢支持本教材的老师、同学和家人!

周　洋

2024年7月于南京

目　录

第 1 章　绪　论

1.1　字体说明

本书采用不同的字体以区分正文和代码或计算机的输入输出。正文汉字采用宋体，数字和英文字母采用 Times New Roman；计算机系统命令行、Python 交互式命令行和所有的代码，以及计算机输出，统一采用 Microsoft YaHei Mono 字体。

（1）正文与代码字体的比较

```
>>> print('Hello World') Microsoft YaHei Mono （代码）
```
>>> print(‘hello World’)　Times New Roman　　（正文）

（2）代码部分不同提示符的含义

“>>>、# 或 $、%、>、[ ]:” 五种提示符分别代表不同的运行模式（表 1.1）。

表 1.1　代码部分不同提示符的含义

提示符	含义
>>>	Python 交互式命令行模式
# 或 $	Linux 终端命令行模式，“#” 为管理员用户，$ 为一般用户，两者相似
%	MacOS 终端命令行模式（与 “$” 相似）
>	Windows Powershell Prompt 命令行模式（与 “%” 和 “$” 相似）
[ ]:	Jupyter Notebook 中的代码

（3）带行号的代码

非 Python 交互模式下，本书中提供作者编写的完整代码，通过讲解完整代码介绍气象上的实际应用。对完整代码添加行号，以方便讲解。同一代码可能会被讲解断开，根据行号的连续性可以判断是否为同一代码,行号不为“1”的被断开语句,需要注意代码的延续性。行号从1开始连续至下一个行号为“1”的代码之前的所有语句属于同一代码。注意:行号仅是本书中的标识,不是代码的一部分,实际中所有代码均顶格书写。Python以空格缩进来控制代码结构,实际空格是不显示的,本书以灰色长条表示缩进的空格,方便读者掌握代码结构。例如,下面是名为“happy.py”的代码。

```
1    #!/usr/bin/env python
2    import time
```

第2行,导入内置模块“time”用于处理时间。

```
3    if __name__=='__main__':
4        print('Be happy on '+time.strftime('%Y-%m-%d'))
```

行号1~4的语句为同一代码;第2行、第3行间加入一句讲解;第4行句首的4个灰色长条表示4个空格缩进,标示了if语句的控制范围。

在下面的内容中,读者将逐渐了解如何使用交互式命令行、Jupyter Lab和命令行3种方式运行代码,以及各种语句、函数的用法。建议读者将本书中的代码键入电脑开展学习,边学边练,在练习中体会各种语句和函数的用法。

1.2 Python之禅

做事离不开思想的指导,学习和使用编程时,树立正确的思维方式,有意识地培养良好的编程习惯,对编程的学习和应用具有事半功倍的效用。首先介绍“Python之禅”,它是Python编程实践遵循的一些思想准则,其作者Tim Peters是一位资深的Python用户,除了“Python之禅”,他以开发出世界上最快的排序算法(Timsort)闻名于计算机界。“Python之禅”的最初版本有20句,目前在Python的“this”内置模块中保留了19句,它展现了Python语言体系的主要特点,并且也适用于其他各类计算机语言的编程。“this”模块无须安装,使用“import”语句导入后输出“Python之禅”。下面用Python交互式命令行导入“this”模块(后面的章节将会具体介绍交互式命令行和模块导入)。

```
>>> import this
The Zen of Python, by Tim Peters
```

```
Beautiful is better than ugly.
Explicit is better than implicit.
Simple is better than complex.
Complex is better than complicated.
Flat is better than nested.
Sparse is better than dense.
Readability counts.
Special cases aren't special enough to break the rules.
Although practicality beats purity.
Errors should never pass silently.
Unless explicitly silenced.
In the face of ambiguity, refuse the temptation to guess.
There should be one-- and preferably only one --obvious way to do it.
Although that way may not be obvious at first unless you're Dutch.
Now is better than never.
Although never is often better than *right* now.
If the implementation is hard to explain, it's a bad idea.
If the implementation is easy to explain, it may be a good idea.
Namespaces are one honking great idea -- let's do more of those!
```

Python之禅
作者:Tim Peters(编者译)
美丽比丑陋好,清晰比晦涩强,简单胜过复杂,复杂强于烦琐;
扁平比嵌套好,稀疏比浓密强,好的代码易读;
别让特例打破规则,尽管实用战胜纯粹;
绝不容忍错误,除非你默许;
不知所措,不要臆测,去找寻最优方案。除了Python之父,没人一蹴而就;
做比不做强,但不能不假思索;
解释不清的方案,不是个好方案。简单易懂的方案,可能是个好方案;
多用命名空间这个好想法!

编程时应尽量遵循"Python之禅",写出"最优"代码。这些准则是Python成为当下最流行的计算机语言的基石。写代码也是要进行推敲的,就像人们愿读简洁准确、措辞得当、构思严谨、用意明确的文章一样,目标明确、结构清晰、计算准确、简洁易读的程序也会是一个好代码,用它解决问题十拿九稳。

1.3 Python 主要特点

(1)开源免费

Python 是一款开源的编程软件,所有源代码均是公开的,可以免费下载、安装和使用,甚至修改(非资深用户不建议)。PyPI(The Python Package Index;https://pypi.org/)提供了 Python 的存储库,除 Python 软件本身,在 PyPI 上还可以查找和安装 Python 社区开发和共享的所有模块。通过 PyPI,Python 用户也可以分享他们编写的 Python 模块,由此成为 Python 社区的一员。Python 具有一个强大的研发团队,其庞大的用户群体也在不断地促进其发展。

(2)移植性好

Python 主要基于标准 C 语言编写,可以在目前所有的主流计算机操作系统上使用,包括 Windows、Linux 和 MacOS,甚至在一些手机和平板上也能使用,如 iOS 和 Android。Python 的标准库和模块具有出色的跨平台特性。同一个 Python 代码,无须修改即可在各类平台上无差别运行(为聚焦语言本身,本书仅介绍在 Windows 系统下利用 Conda 虚拟环境使用 Python)。

(3)简洁易学

相较于 C、Fortran、GrADS、Matlab 和 NCL 等气象常用编程语言,Python 具有简洁易学的特点。Python 将缩进引入语法结构,规定语句范围(如循环、判断、子函数等),省略冗余语句,使代码格式更规范、可读性更强,极大地缩短了代码的长度。与 C 和 Fortran 等汇编语言相比,Python 属于高级语言,逐行执行,不需要编译链接等过程;与其他高级语言相比,Python 几乎集成了各类高级语言的优点,更具灵活性。

(4)功能强大

Python 是面向对象的编程语言。在 Python 中万物皆对象,运用灵活;它使用动态变量,自动回收内存;具有丰富的工具和函数库,包括内置对象、工具和库等;同时,Python 社区提供了庞大的已开发和正在开发的第三方库。此外,Python 还可以与其他计算机语言进行交互。目前,Python 应用范围涵盖了计算机所能应用的方方面面,利用 Python 便于实现多学科工具的交叉使用。

(5)存在缺点

完美永远是一个理想状态。虽然 Python 是一个优秀的计算机语言,但是不代表其完美。

Python 代码的运行速度较汇编语言慢。开源的同时也形成了庞大的第三方函数库，既是优点也是缺陷。虽然为用户带来了多种选择，但是初学者更多地迷失在选择中。因此，作者从多年的科研应用和教学实践出发，总结了一套适用于气象应用的经验和技巧，将气象上常用的 Python 函数库以实际应用的完整代码编撰在一起形成了本书。

1.4 Python 与气象应用

Python 在开展常规气象数据读写、计算处理和可视化方面较其他软件功能更加全面。目前全球已存储的气象相关数据超过 100 PB（1 PB=1024 TB = 1048576 GB），数据量还在以指数级增长，每日新增的数据超过 5 PB。数据来源的不断丰富是数据量增加的主要原因，包括常规的站点观测、雷达卫星遥感、资料同化和数值模式产品等。在使用这些数据时，气象工作者要解决几个基本问题。首先，多来源数据的读写，多来源意味着多格式。其次，大数据的处理，从海量数据中寻找有用信息涉及动力诊断和统计分析。最后，结果的可视化，通俗地说，就是绘图。目前，这三点在 Python 上可一站式实现。

几乎所有格式的气象数据都能找到用来读写它的 Python 函数。Python 的 Numpy 和 Scipy 函数库包含了气象上常用的统计分析方法，Metpy 函数库用于动力诊断。此外，很多模式还为自身开发了数据的前、后处理模块，如 Wrf-python。在可视化方面，Matplotlib 提供了丰富的绘图函数，与 Cartopy 模块配合能够满足气象绘图对地理信息的要求，如海陆分布、行政边界等。对于更高阶的统计，如人工智能，Python 有 Scikit-learn、PyTorch、TensorFlow 等函数库。在气象应用方面，Python 提供了一站式平台。目前，在 Python 语言的架构下几乎可以找到想用的所有气象相关的函数，如果没有，那就自己动手写一个，再发布到 PyPI 上！

Python 与气象的结合是气象科技发展和计算机技术进步的必然结果。目前科技发展进入了大数据和人工智能时代，对预报、服务提出了智能化要求。气象的研究更多地依赖智能工具，创新成果也更多地出现在学科交叉点上。在这种背景下，Python 为大数据处理、人工智能和学科交叉提供了一个优秀的平台。本书将气象学专业常用的基本函数库进行介绍，包括数据读写、绘图、统计分析、动力诊断等。编者希望借由本书，助力那些未涉足 Python 领域但具备一定编程知识的气象学专业学生和相关从业人员，使其能够学会 Python 的主要基础知识，掌握气象上常用的函数，具备自学其他 Python 函数的知识和能力。

1.5 Conda 环境下使用 Python

(1) 安装 Conda 环境

在 Python 官方网站上可以直接下载 Python 的安装包。下载并安装好 Python 后，使用 pip

命令连接 PyPI 源安装 Python 的各类函数库。然后，在 Python 提供的各类 IDLE（集成开发环境）中编程。但是，很多情况下 pip 命令安装各类函数库时依赖运行环境和相关软件的支撑，如果缺少相关软件就会导致相关函数库安装失败，甚至一开始就难以成功安装 Python。

因此，本书推荐在 Conda 环境下安装和使用 Python。Anaconda 软件用于建立 Conda 环境，Conda 是一款多平台安装包和运行环境管理软件，同样开源免费。类似于 PyPI，Anaconda 为 Python 软件和函数库提供了 Conda 的安装源。Conda 的安装包不需要再次编译，解决了软件支撑问题，安装和使用方便。

在 Conda 虚拟环境下可以直接用 conda 命令安装 Python 及其函数库。在 Conda 平台上可以建立多个应对不同工作需求且相互独立的虚拟环境，解决了个别函数库存在相互冲突或不兼容的问题。相对于 pip，Conda 能更好地解决函数库安装时的依赖关系，保持开发运行环境在安装新库后的稳定性。此外，Conda 也可以为其他多种计算机语言建立虚拟环境。

目前 Conda 的安装源提供了超过 1500 个各类常用函数库的安装包，还有几千个安装包在 Conda 的其他服务器（Channel）上，如 conda-forge 和 bioconda 等。但是，Conda 提供的安装包相较于 PyPI 提供的 150000 个安装包少。因此，在 Conda 环境下也可使用 pip 进行安装。选择 Conda，除了其本身的优势以外，气象常用的 Python 函数库通过 Conda 均能顺利安装和使用，而且个别函数库仅有 Conda 提供了安装包。

在 https://www.anaconda.com/ 网站上，可以免费下载适用于 Windows、MacOS 和 Linux 的 32 位和 64 位的 Anaconda 安装包用于建立 Conda 环境。读者可以针对自己的电脑操作系统在 Anaconda 的网页上下载适用的安装包，针对 Windows 操作系统的安装包为 Anaconda×××.exe 文件，双击后按照相关流程进行安装。

针对 Linux 和 MacOS 操作系统，则需下载各自的基于 Bash Shell 编写的 Anaconda×××.sh 文件。在 Linux 或 MacOS 的终端（terminal）中，利用“cd”命令进入“.sh”文件的存放目录，运行下面命令，按照相关流程进行安装。对“cd”命令不熟悉的读者，建议直接通过网络自行学习。

Linux 终端键入：
```
$ bash Anaconda×××.sh
```

MacOS 终端键入：
```
% bash Anaconda×××.sh
```

如果读者对计算机有更高级的操作权限，建议使用管理员身份对 Python 及其相关函数库进行安装。安装时使用管理员权限，使用时则无须如此。

在 Windows 操作系统下安装好 Conda 后，在应用中找到 Anaconda Powershell Prompt 软件，打开后为 Conda 的命令行模式。对于 Linux 和 MacOS，终端（terminal）与 Anaconda

Powershell Prompt 窗口类似，使用方式大同小异，本书主要介绍 Anaconda Powershell Prompt 中使用 Conda 环境，对 Linux 和 MacOS 不再进行介绍。

(2) Python 的安装

安装 Anaconda 软件后，用管理员身份打开 Anaconda Powershell Prompt 进入 Conda 命令行模式（如下，后面简略为">"）。"PS"前圆括号内显示当前的 Conda 环境"base"，它是安装好后的默认环境，如激活其他环境，括号内的环境名将发生改变。新安装好的 Anaconda 仅有"base"环境。

```
(base) PS C:\Users\周洋>
```

为满足不同编程需求，需建立新的 Conda 环境，各环境相互独立、互不干扰。下面利用"conda create"命令创建新的 Conda 环境，同时安装 Python。

```
> conda create -n mete python
```

其中，"-n"参数后是新建立的 Conda 环境名称（"mete"，读者也可根据个人需要自拟）。"mete"后的"python"表示建立一个 Python 的运行环境。如不特别指定安装版本，默认安装 Conda 源上最新的 Python 版本。如需安装其他版本，可使用如下命令（如 3.10 版）。

```
> conda create -n mete2 python=3.10
```

新建环境后，利用"conda info --env"可以查看 Anaconda 所具有的所有 Conda 环境。

```
> conda info --env
# conda environments:
#
base                  *  C:\ProgramData\Anaconda3
mete                     C:\ProgramData\Anaconda3\envs\mete
```

如想删除某一环境，在"base"环境下利用"conda remove -n 环境名 --all"进行删除。例如，将"mete"环境及其下所有的函数库删除（不建议删除"base"环境）。

```
> conda remove -n mete --all
```

建立好新环境后（本书的新环境名为“mete”），利用“conda activate 环境名”命令进入或激活新环境。进入环境后会发现“PS”前括号内的名称变为“mete”。

```
> conda activate mete
```

进入“mete”环境后，可在该环境下开展 Python 各类函数库的安装和编程。

（3）Python 函数库的安装

进入“mete”环境，利用“conda install”命令进行 Python 函数库的安装（建议用管理员身份打开 Anaconda Powershell Prompt 安装函数库）。“conda install”有“-c”选项可以选择相应 channel（理解为服务器）安装函数库。在默认的 Conda 服务器上无法找到相应安装包时，可在不同的 channel 间进行尝试，或用 pip 进行安装。除默认的 channel 外（不加“-c”选项），气象常用的 channel 是“conda-forge”。在安装某个函数库前，最好查看该函数库的安装说明，一般都会有详细的安装命令介绍。最后，在国内使用 Conda 可将安装源改至国内服务器，以提高安装速度，如清华的 Conda 源（读者请自行上网搜索修改，网上有详细教程）。

下面安装第一个函数库“jupyterlab”，本书将使用 Jupyter Lab 提供的 Jupyter Notebook（以下简称“Notebook”）作为编程的 IDLE（集成开发环境）。除使用 Jupyter Lab 外，Conda 环境本身也有很多 IDLE，如 Spyder。此外，还有其他多种软件为 Python 提供 IDLE。对于这些 IDLE 本书不做介绍，感兴趣的读者请自行上网搜索和阅读相关说明。

```
> conda install -c conda-forge jupyterlab
```

安装好后，利用“conda list”命令查看当前环境下已安装的第三方工具和库。

```
> conda list
# packages in environment at C:\ProgramData\Anaconda3\envs\mete:
#
# Name                    Version                   Build  Channel
anyio                     4.3.0              pyhd8ed1ab_0    conda-forge
（下略）
```

在输出中，显示了当前环境下所有安装的函数库（package）的名称“Name”，版本“Version”，以及安装包的来源“Build Channel”。除“jupyterlab”外，后面的章节将根据需要依次安装各函数库。

(4) 交互式命令行

编写较简单代码时，可直接使用交互式命令行。交互式命令行亦可作为计算器使用。在 Anaconda Powershell Prompt 中键入“python”，显示如下（以下简略为“>>>”）:

```
> python
Python 3.12.2 | packaged by Anaconda, Inc. | (main, Feb 27 2024, 17:28:07) [MSC v.1916 64 bit (AMD64)] on win32
Type "help", "copyright", "credits" or "license" for more information.
>>>
```

对于较为复杂的代码，不建议使用交互式命令行，但是在学习 Python 语法基础时，使用交互式命令行更为便捷。在交互式命令行下，可以运行 1.2 节中的“Python 之禅”。在输入“import this”后，键入“回车”。在交互式命令行中，完成一行完整的代码语句后，需要键入“回车”运行代码；结束循环或判断等语句时，需键入两次“回车”，表示完成一个语句结构。

```
>>> import this
(输出略)
```

键入“exit()”退出交互式命令行。需要注意的是，“exit()”是 Python 的内置函数，调用时在“exit”后需要加上括号。在编写的代码中加入“exit()”函数，则会在执行到该函数时中断代码。但是，“exit()”函数在 Notebook 中会失效。

```
>>> exit()
```

(5) 运行“.py”脚本

下面将编写和运行本书的第一个“.py”脚本。“.py”脚本是按照 Python 语法编写，以 ASCII/UTF-8 编码格式存储的代码文件，本质上是文本文件。可以直接通过文本编辑器将代码键入，也可使用 IDEL 环境编写，并运行代码，或者使用其他各种代码编辑软件，如 vscode、vim 等。

在未介绍 Notebook 前，先使用文本编辑器写一个“.py”文件。第一步，建议读者建立一个针对当前工作的新目录，养成“一事一文件夹”的好习惯，这是养成良好编程习惯的开端，不将各类文件混在一起，如“D:\learn_python\chp01”（请读者按照自身实际情况建立）。第二步，打开 Anaconda Powershell Prompt，激活“mete”环境（演示略，今后各类库的安装和编程均在同一个“mete”环境下，后面将略去进入文件夹和激活“mete”环境的步骤）。第三步，利用“cd”命令进入该目录。

```
> cd D:\learn_python\chp01
(mete) PS D:\learn_python\chp01>
```

在该目录下，新建一个文本文档，修改文件名及后缀，命名为“happy.py”。在这之前，建议读者对 Windows 操作系统中的文件夹选项进行设置，不再勾选“文件夹选项”中“查看”的“隐藏已知文件类型的扩展名”选项（图 1.1）。如勾选“隐藏已知文件类型的扩展名”，有时不方便修改后缀或出现修改错误（如“happy.py.txt”）。虽然只要代码正确，文件均能正常运行（与后缀无关），但是为方便各类代码和数据等文件的管理，读者最好对文件夹选项进行修改。Linux 和 MacOS 操作系统则不存在此类问题。

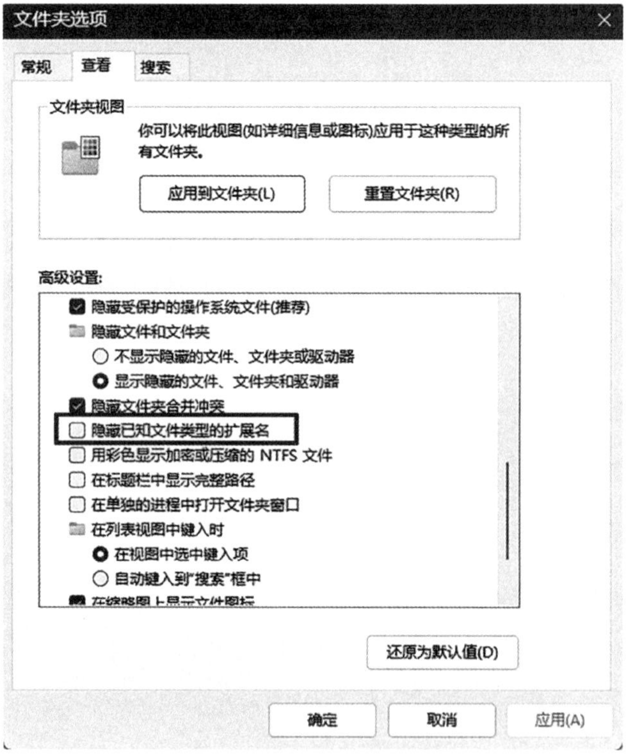

图 1.1　不勾选“隐藏已知文件类型的扩展名”

用文本编辑器打开“happy.py”，键入下面代码，保存。

```
import time
print('Be happy '+time.strftime('%Y-%m-%d'))
```

使用代码专用编辑器也可完成上述操作，如 vscode 或 vim。在 Anaconda Powershell Prompt 中键入“python happy.py”，将输出一个包含运行该代码日期的字符串。所有“.py”脚本均可使用上述方法运行，也包括在 Linux 和 MacOS 系统中，后面将不再介绍。

```
> python happy.py
Be happy 2024-03-23
```

（6）在 Jupyter Lab 中使用 Jupyter Notebook

在 Anaconda Powershell Prompt 中激活“mete”环境后，进入刚才建立的目录（D:\learn_python\chp01）键入：

```
> jupyter lab
    (部分输出已略)
    To access the server, open this file in a browser:
        file:///C:/Users/....../jupyter/runtime/jpserver-6788-open.html
    Or copy and paste one of these URLs:
        http://localhost:8888/lab?token=......
     or http://127.0.0.1:8888/lab?token=......
```

在输出中有以“file://......”和“http://......”开头的 3 个链接，Jupyter Lab 在电脑上建立了一个用于编辑和运行 Python 的服务器，该服务器可通过网页浏览器进行访问。复制任意一个以“file”或“http”开头的链接，粘贴至网页浏览器即可打开 Jupyter Lab 的 IDLE。目前，该 IDLE 提供了“Notebook”和“Console”两个开发环境，这里仅介绍“Notebook”的使用。点击“Notebook”下含有“Python3”的图标创建一个新代码，或者点击左侧栏上的文件夹图标“File Browser”，打开从前编辑的代码（图 1.2）。“Jupyter Notebook”保存的代码文件名后缀为“.ipynb”。

在图 1.2 中，可通过右键“Untitled.ipynb”的选项卡（Tabs）对新建的“.ipynb”文件重命名。若想保存代码为“.py”文件，通过“File”中“Save and Export Notebook as…”可将编写的代码导出为“Executable Script”。此外，还可以导出其他多种格式的文件。

点击“[ ]:”右侧栏，可在 jupyter 的单元（Cell）中编写 Python 代码。编写好代码后，点击右三角“播放”键即可运行代码，方块键为中止代码键，还有重启 Python 服务器键。“Jupyter

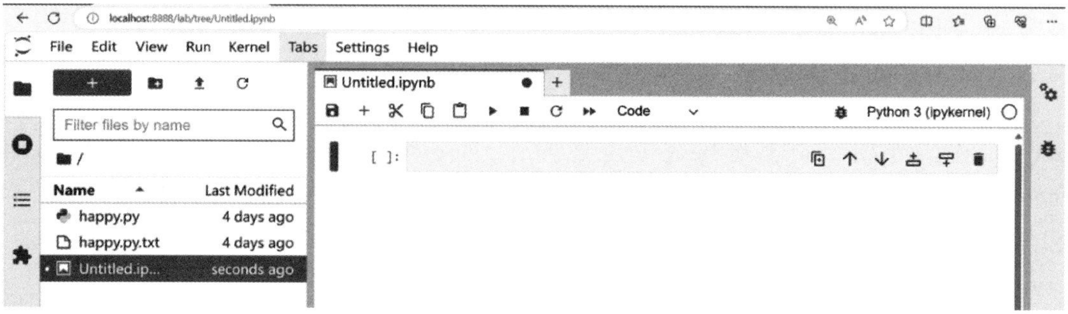

图 1.2　Jupyter Notebook 的使用界面

Notebook”界面上的按钮和选项与日常使用的文本编辑器较为相似,通过简单的摸索,相信读者就能快速掌握和使用。在单元中输入“%run happy.py”然后点击运行,运行刚才编写的“happy.py”文件。

```
[ ]: %run happy.py
Be happy 2024-03-23
```

若想对已有的旧“.py”代码进行编辑,可以导入已有代码进行编辑。使用“ctl+/”组合键对原代码注释,选中要注释的部分,然后在键盘上按下“ctl+/”组合键。Python 中“#”表示注释。

```
[ ]: #%run happy.py
```

接着,使用“%load”将“.py”文件导入。

```
[ ]: #%run happy.py
     %load happy.py
```

点击运行代码,得到如下结果。

```
[ ]: # %load happy.py
     import time
     print('Be happy '+time.strftime('%Y-%m-%d'))
```

对上面的代码进行编辑,然后点击运行,即可得到输出结果。读者可以试试在 Notebook 中输入并运行“import this”。

1.6　本章小结

首先，本章介绍了 Python 编程的思想准则，遵循"Python 之禅"写代码可让编程事半功倍。其次，总结了 Python 的主要优缺点，Python 与气象以及大多数学科的结合在于其"一站式"的优点，发挥其优点让 Python 与气象应用能更好地结合，而注意其缺点让我们在使用 Python 时更加谨慎。再次，主要介绍了如何在 Windows 系统下安装 Anaconda 软件建立 Conda 环境，以及安装 Python 的函数库，其他操作系统下的安装大同小异。最后，演示了如何通过 Python 的交互式命令行、脚本、Jupyter Notebook 3 种方式运行代码。表 1.2 对本章用到的各种命令进行了总结。

表 1.2　本章涉及的命令及其用途

命令	用途
conda create -n	建立 Conda 环境
conda info --env	查看所有 Conda 环境
conda activate	激活 Conda 环境，退出当前环境用"deactivate"
conda install -c	在当前 Conda 环境下安装各类函数库
conda remove -n (--all)	删除 Conda 环境（和所有函数库）
jupyter lab	运行 Jupyter Lab
cd	进入文件目录
python	打开交互式命令行，或在当前目录下运行 python 代码
python3	个别 Linux 和 MacOS 中需输入 python3

随着时代发展，计算机操作系统、Python 软件及其函数库不断更新，读者在安装 Python 及其各类函数库时会遇到各类问题，本书无法面面俱到，建议读者在学习和使用 Python 的过程中，充分使用互联网和 Python 的社区特点，及时查找问题原因。一方面，可对所学知识进行巩固，积累经验；另一方面，遇到问题时，通过查看他人的相似问题和解决过程，找到解决方案。Python 是一个庞大但简洁的计算机高级语言。在学习过程中，要打开电脑跟着书中的代码敲起键盘，边学边练是快速掌握 Python 的捷径。

第 2 章　Python 语法基础

Python 语法非常简洁。很多 Python 初学者往往忽视语法基础，在使用函数时常常遇到困难，导致无法正确使用。学习 Python 语法基础对于看懂 Python 代码和函数说明，正确使用 Python 各类函数库至关重要。本章简要介绍 Python 语法基础，它是后面章节掌握气象常用函数库的基础。涉及的知识点包括 Python 主要的语法特点、基础对象类型、语句结构、子函数等。建议学习过 Python 语法基础的读者进行复习和巩固，特别是对语法不够熟练的读者。

2.1　语法特点

一个 Python 代码就是一个独立模块，由语句构成，语句则由表达式组成，表达式用来处理 Python 对象。Python 基础对象包括数字、字符串、列表、元组、字典、集合、布尔型、自定义类型、程序单元（函数和模块）等。Python 对象里又包含函数和模块，因此 Python 是一个面向对象的计算机语言，这赋予 Python 极度灵活的特点。

（1）注释

首先，介绍代码注释。Python 是高级语言，不需要完整编译后再执行，它通过解释器逐行解释后执行。在代码中，注释的部分被视为说明，在逐行解释执行时不被运行。注释在代码调试和提供说明时非常重要。好的代码一般会在关键处提供注释说明，在查找错误时可以灵活使用注释进行调试。

Python 提供了 3 种注释方式。在代码中的任意位置键入“#”用来注释此行后的内容。例如，下面用 Jupyter Lab 编写代码，使用注释为其写说明。其中，第 1 个注释，在 Windows 下被视为注释，一般在类 Unix 环境（Linux 和 MacOS）告诉系统它是 Python 代码。第 2~4 个注释则对使用的模块和函数进行简要说明。

```
[ ]: #!/usr/bin/env python
     import time # 此句引入 time 模块
     # 利用 print 函数打印字符串
```

```
print('Be happy '+time.strftime('%Y-%m-%d'))
# 使用了 time 模块中的 strftime 函数
```

成对出现的 3 个单引号“'''”或双引号“"""”用于注释多行语句。在需注释语句的前一行键入 3 个单引号，并且在最后一行的下一行再次键入 3 个单引号，完成对多行语句的注释。双引号的用法与单引号相同，选择单引号或双引号取决于注释内容中是否存在单引号或双引号，如存在单引号则用双引号，如存在双引号则相反。若两者兼有建议使用“#”。

```
#!/usr/bin/env python
'''
此段代码引入 time 模块
然后，利用 print 函数打印字符串
使用 time 模块中的 strftime 函数调整了输出时间的格式
'''
import time
print('Be happy '+time.strftime('%Y-%m-%d'))
```

上面的代码使用单引号进行了多行注释，也可以用双引号完成注释，此处不进行演示。在有的 Jupyter Notebook 版本中，单、双引号注释会失效。此时，对于多行注释可以使用“ctl+/”组合键，选中要注释的代码后按下“ctl+/”；取消注释的方式相同。

(2)续行符与一行多语句

在 Python 中，若一行语句太长，为方便阅读需分成多行，可使用续行符“\”，只需要在行尾加上“\”，表示一行语句没有结束，注意在续行符与语句间要加上空格。

```
import \
        time
```

上面这段代码虽然是两行，但是其功能与一行的“import time”一致。若语句在括号内（无论方括号、圆括号、花括号），多行代码可不使用续行符。例如，将“happy.py”的打印部分写成 4 行。对于一个完整的字符串，为了避免混淆，一般不使用续行符或分行；对于较长的字符串，可用字符串加法进行粘连，对加法运算进行分行（后面的章节将介绍字符串的加法）。

```
print(
```

```
            'Be happy '+
            time.strftime(
                '%Y-%m-%d'))
```

有时几行代码均较短,可将多行语句用分号“;”隔开,写在同一行,如多个赋值语句。为使代码清晰直观,一般不建议多个语句写成一行。

```
>>> a=1;b=2;c=3;d=4
```

赋值语句用“=”将 Python 对象赋予标识符, “标识符 = 对象”。标识符用于定义 Python 各类对象的名称,包括变量、列表、字典、元组、集合、函数、模块、类等。一个标识符中可包含下划线、字母和数字,但仅能以字母和下划线开头,不能以数字开头。同时,标识符对大、小写敏感,同一字母的大、小写是不同的标识符。标识符尽量不使用 Python 的保留字或内置函数名,不与导入模块的名称冲突。

在不影响语句、标识符的拼写完整,以及缩进的前提下,代码中任意个数的空格对代码无任何影响,合适的空格还可增加代码可读性。

(3) 导入模块

Python 语言编写的模块(或函数)以后缀“.py”的文件存储(或封装,注意与可执行文件的封装不同),包含自定义的各种对象和函数。此外,C 和 Fortran 等其他计算机语言也可编写 Python 模块(本书不介绍)。在使用“conda install”安装函数库时,相应文件被下载到 Conda 环境所在文件夹下(使用“conda info --env”可查看环境所在的目录)。“conda list”可查看当前环境下已安装的模块。

本节将学习利用“import”命令导入安装或编写好的函数库。对于自己编写的“.py”文件也可以导入,并且使用其中的子函数。用“import”语句 4 种表达方式的任一种都可导入模块,导入后可调用其拥有的函数和属性。

import　模块名称(或“.py”的文件名)

“import”后加需导入模块名称,前面举例的“happy.py”中“import time”为此种用法。若要调用自己编写代码中的子函数,库名称为代码的名称(即“.py”之前的部分)。需要注意,如果是自己编写的函数库 / 模块,须与主程序在同一目录下。

import　模块名称　as　自定义名称

有的函数库名称较长，或者使用频繁需要简化，此时用“import … as …”语句，与“import”相似，但在后面加上了“as”，将导入的模块名称定义为自拟名称（一般进行缩写），从而提高编程效率。以“happy.py”为例，把“time”简写成“tm”。

```
1   import time as tm
2   print('Be happy '+tm.strftime('%Y-%m-%d'))
```

上段代码与原来的“happy.py”一致，但是将“time”模块进行自定义缩写。在第 2 行调用“time”模块中的“strftime()”函数时，需使用缩写“tm”。需要注意，进行自定义缩写后，在整个代码中对该模块的调用均须使用自定义缩写。

from　模块名称　import　某一函数名（或子模块名），……

有时，没必要将整个函数库导入（较占内存），仅将模块中的某些函数或子模块导入，此时可利用“from … import …”语句从函数库中导入其中的某个函数或子模块。也可以导入该模块中的多个子模块，用逗号隔开。例如，在“happy.py”中仅导入“strftime()”函数。

```
1   from time import strftime
2   print('Be happy '+strftime('%Y-%m-%d'))
```

上段代码中，第 1 行从“time”模块中仅导入“strftime()”函数，第 2 行仅需使用导入的函数名即可。若将模块中所有的函数均导入，则用“*”代替子模块名。例如，“from time import *”，此时“strftime()”函数和“time”中其他所有函数均被导入。除非完全仅使用某模块，一般不建议这样导入。

from　模块名称　import　某一函数名　as　自定义名称

与“import … as …”相似，若想把某模块中的某一函数名进行缩写，可使用“from … import … as …”语句。例如，将“strftime”缩写成“st”。

```
from time import strftime as st
print('Be happy '+st('%Y-%m-%d'))
```

注意，自拟名称须符合 Python 标识符定义规则。

(4)保留字、内置函数和对象属性

Python 保留字是构成 Python 语句的关键词,在定义标识符时要避开这些关键词。在 Python 内置模块“keyword”的“kwlist”属性中,可查看这些保留字。

```
>>> from keyword import kwlist
>>> kwlist
['False', 'None', 'True', 'and', 'as', 'assert', 'async', 'await', 'break', 'class', 'continue', 'def', 'del', 'elif', 'else', 'except', 'finally', 'for', 'from', 'global', 'if', 'import', 'in', 'is', 'lambda', 'nonlocal', 'not', 'or', 'pass', 'raise', 'return', 'try', 'while', 'with', 'yield']
```

由于篇幅有限,不能对保留字逐个介绍,建议感兴趣的读者通过 Python 在线说明文档(https://docs.python.org/)进行学习了解,后面章节中会对具体使用的保留字进行介绍。

Python 内置函数不须导入即可使用。Python 的不同版本在发展过程中内置函数有一定的变化,表 2.1 给出了 Python3.12.2 版本的内置函数。

表 2.1　Python3.12.2 版本的内置函数(常用的内置函数以粗体显示)
(参考 https://docs.python.org/3/library/functions.html)

首字母	函数名
A	abs();aiter();all();anext();any();ascii()
B	bin();bool();breakpoint();bytearray();bytes()
C	callable();**chr()**;classmethod();compile();complex()
D	delattr();**dict()**;**dir()**;divmod()
E	**enumerate()**;**eval()**;exec()
F	**filter()**;**float()**;format();frozenset()
G	getattr();globals()
H	hasattr();hash();**help()**;hex()
I	id();**input()**;**int()**;isinstance();issubclass();**iter()**
L	**len()**;**list()**;locals()
M	**map()**;**max()**;memoryview();**min()**
N	next()
O	object();oct();**open()**;**ord()**

续表

首字母	函数名
P	pow();**print()**;property()
R	**range()**;repr();reversed();**round()**
S	**set()**;setattr();slice();sorted();staticmethod();**str()**;**sum()**;super()
T	**tuple()**;**type()**
V	vars()
Z	**zip()**
_	__import__()

这里介绍 3 个重要的内置函数,对其他常用的内置函数(表 2.1 中标为粗体)不再逐一介绍,后面章节中在使用某函数时再进行讲解。感兴趣的读者可以阅读 Python 在线说明文档或者使用下面将要介绍的方法对内置函数进行学习。从语法规则上可以看出,Python 函数的使用是函数标识符后加圆括号,圆括号中是输入参数,有的函数可不提供输入参数。

第一个内置函数“print()”。在“happy.py”文件中,使用了“print()”函数将结果打印到显示器上。“print()”函数的输入参数是要打印的对象,“print()”函数可以打印多个对象,要打印的对象需用逗号隔开。例如,使用“print()”函数打印 5 个整数。

```
>>> print(1,2,3,4,5)
1 2 3 4 5
```

第二个为“help()”函数。顾名思义,它是用来帮助我们的,特别是帮助我们正确使用那些不了解的函数。接下来,我们看一下“print()”函数的用法。

```
>>> help(print)
Help on built-in function print in module builtins:

print(...)
    print(value, ..., sep=' ', end='\n', file=sys.stdout, flush=False)

    Prints the values to a stream, or to sys.stdout by default.
    Optional keyword arguments:
    file:  a file-like object (stream); defaults to the current sys.stdout.
```

```
    sep:   string inserted between values, default a space.
    end:   string appended after the last value, default a newline.
    flush: whether to forcibly flush the stream.
(END)
```

对于任何 Python 对象，均可使用“help()”函数进行查看（用“q”键退出）。

第三个内置函数是“dir()”。Python 对象可以附带属性和函数，当想要查看其附带属性和函数时，可使用“dir()”函数，比如查看内置模块“time”。

```
>>> import time
>>> dir(time)
['CLOCK_BOOTTIME', 'CLOCK_MONOTONIC', 'CLOCK_MONOTONIC_RAW', 'CLOCK_PROCESS_CPUTIME_ID', 'CLOCK_REALTIME', 'CLOCK_TAI', 'CLOCK_THREAD_CPUTIME_ID', '_STRUCT_TM_ITEMS', '__doc__', '__loader__', '__name__', '__package__', '__spec__', 'altzone', 'asctime', 'clock_getres', 'clock_gettime', 'clock_gettime_ns', 'clock_settime', 'clock_settime_ns', 'ctime', 'daylight', 'get_clock_info', 'gmtime', 'localtime', 'mktime', 'monotonic', 'monotonic_ns', 'perf_counter', 'perf_counter_ns', 'process_time', 'process_time_ns', 'pthread_getcpuclockid', 'sleep', 'strftime', 'strptime', 'struct_time', 'thread_time', 'thread_time_ns', 'time', 'time_ns', 'timezone', 'tzname', 'tzset']
```

从“dir()”函数的输出结果可以看到，“time”模块有“strftime()”函数，当然它还包含了其他很多的函数和属性。在学习过程中，配合使用“help()”函数可进一步查看。

调用对象的某一附带属性和函数时，仅需在对象的名称后加上点“.”，后跟属性或函数名，如“time.strftime()”。Python 对象的附带属性和函数在 Python 编程中使用频繁，需要读者熟练掌握。

2.2　Python 的基础对象

(1)数字

数字包括整数、浮点数、复数，有二进制、八进制、十进制、十六进制等进制方式，本书仅介绍十进制的整数和浮点数。对于数字的运算，Python 提供了 +(加)、-(减)、*(乘)、/(除)、//(整除)、%(取余)、**(幂)等运算方式。运算等级为先幂后乘除（包括整除与取余），再加减，有括号时，先运算括号内的算式,这一运算等级规则与其他计算机语言完全一致。

但是,也有与其他语言不同之处。Python 数据类型不需要事先声明,变量随定义随用,其类型仅与赋予的对象有关,这是 Python 动态化的特点。Python 中无论是整数还是小数,进行除法运算后得到的均为浮点数。在个别计算机语言中,例如 NCL 两个整型运算的结果是整型(如 10/9 得到 1)。此外,Python 在进行浮点运算时有时会产生不确定尾数(不同计算机产生的尾数不同)。比如在编者的计算机上,0.3 除以 6 应得 0.05,但是 Python 得到了一个近似于 0.05 的数。

```
>>> 0.3/6
0.049999999999999996
```

若想避免不确定尾数的出现,可使用内置模块“decimal”的“Decimal()”函数。

```
>>> from decimal import *
>>> Decimal('0.3')/Decimal('6')
Decimal('0.05')
```

此外,Python 会为数字自动提供额外精度。理论上只要计算机的内存允许,可以用 Python 给出任意大的数字,这也是 Python 在进行数据分析时的灵活之处。

(2)字符串

字符串是由单引号(或双引号)括起来的,由字符组成的顺序序列,如‘Nanjing’“Beijing”等。

```
>>> string='Nanjing'
```

需注意的是,反斜杠“\”在字符串中是转义符,它会将其后的字符转义,用作其他用途。常用的转义符有换行符“\n”。若想让其失去转义作用,需在字符串中输入两次反斜杠(“\\”)或在字符串前加“r”或“R”,使转义符失效。Windows 的路径通常含有“\”,因此,常在 Windows 的路径前加上“r”,使其失去转义作用。

```
>>> print('Nan\njing')
Nan
jing
>>> print('Nan\\njing')
```

```
Nan\njing
>>> print(r'Nan\njing')
Nan\njing
>>> print(R'Nan\njing')
Nan\njing
```

数字可以使用内置函数“str()”转换成字符串,但有时对输出的字符串有格式要求时,可以使用 Python 的格式化输出。此处,仅介绍整数和浮点数的格式化输出。

```
>>> day=3
>>> a='%02i' %(day)
>>> a
'03'
```

上段代码将整数变成字符串,用到了数字的格式化输出。在“a='%02i' %(day)”中,等号后的第一个字符串定义输出格式,它用“%”加输出长度“02”进行设置,其中“0”表示输出数字前补 0,“2”表示两位,“i”表示整型(integer);第二个百分号给出需输出的变量。格式化输出不仅可以输出一个数字,也可以输出多个数字。比如下面这段代码,此时仅需按顺序提供需要输出的格式和变量 / 数字即可。

```
>>> '%02i%02i%02i' %(1,2,3)
'010203'
```

对于浮点数,不同之处在于格式字符串的设置。例如,下面的代码将变量“pi”变成长度为 4,保留小数点后两位的字符串。此处,用“4.2f”的格式字符串进行设置,“4”表示字符总长度,“2”表示小数点后两位,“f”表示浮点数(float)。格式化输出还有许多格式设置,感兴趣的读者请自行阅读 Python 在线说明文档中关于“printf-style String Formatting”的部分。

```
>>> pi=3.1415926
>>> a='%4.2f' %(pi)
>>> a
'3.14'
```

字符串可用内置函数“len()”查看长度,该函数返回一个整数。此外,它还可以查看列表、字典、元组、集合等对象的长度。

```
>>> len(string)
7
```

字符串中的字符,可进行引用。引用方式为字符串名后加方括号,方括号中为索引顺序值,顺序值为整数。可以进行单个索引、分段索引或间隔索引,方式为“字符串名 [起始 : 终止 : 间隔]”。当仅给出起始值时,表示引用数值所在位置的字符;当给出起始值和终止值时,表示分段索引,分段索引方式遵循切片式引用法则。当索引的起始值为 0 或终止值为字符串长度时,分段索引可以略去起始值或终止值,下面用示例进行学习。

```
>>> string[0]
'N'
>>> string[0:3]
'Nan'
```

这里可以注意到,第二句代码“string[0:3]”,0 到 3 是 4 个数,但是仅打出了“Nan”三个字符。这是由于 Python 的切片式引用法则(图 2.1),Python 中“N”在 0 到 1 之间,“a”在 1 到 2 之间,“Nan”在 0 到 3 之间。每个索引值就像尺子上的刻度,字符是夹在两个刻度间的“切片”。在 Python 中,从 0 开始索引,在索引字符串时“string[0]”等同“string[0:1]”,或“string[:1]”。Python 也可以从后向前索引,“string[-1]”是最后一个字符,“string[-7:]”是整个字符串,等同“string[0:]”或“string[:]”。注意到,省略了冒号“:”右边的数字时,默认引用到字符串结束;省略了左边数字时,默认从 0 开始,如“string[:3]”。

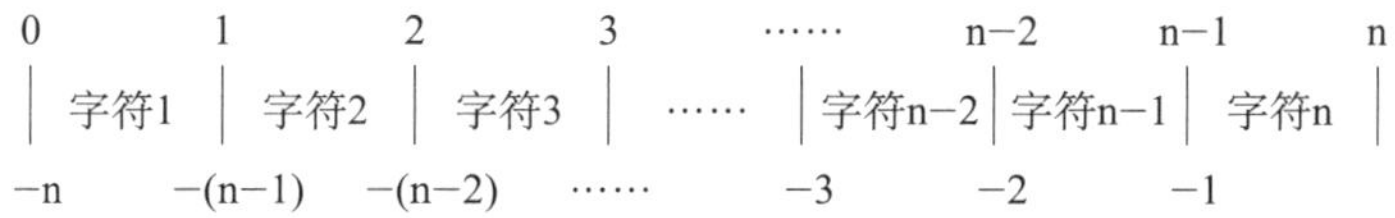

图 2.1　切片式引用示意图

除按序索引外,还可规定索引间隔,例如“string[::2]”表示每隔 2 个字符索引。若将间隔变成负数,将对字符串进行倒序索引。常用“string[::-1]”对字符串进行倒序处理。

```
>>> string[-1]
'g'
>>> string[::2]
```

```
'Nnig'
>>> string[::-1]
'gnijnaN'
```

字符串具有不可变性,表现为无法通过索引对字符串中的字母进行重新赋值。这意味着,在字符串的使用过程中,它的字符是不能被改变的,除非对这个字符串整体重新赋值。数字也具有不可变性,表现为仅当其整体重新赋值时才会发生改变。

```
>>> string[0:3]='Bei'
Traceback (most recent call last):
  File "<stdin>", line 1, in <module>
TypeError: 'str' object does not support item assignment
```

若想改变字符串中的内容,仅可以通过重新定义整个字符串的方式来改变。重新定义字符串体现了 Python 的内存回收功能,新字符串可以与原字符串长度不同。"string"被重新赋值,原赋予对象被放弃。

```
>>> string='Bei'+string[3:]
>>> string
'Beijing'
```

上段代码在给"string"赋予新的字符串后,其效果是其中的 3 个字符被"替换"。还可以通过字符附带的函数对字符进行替换。

```
>>> string='Nanjing'
>>> string.replace('Nan','Bei')
'Beijing'
```

字符串有很多的附带属性和函数,可用"dir()"函数查看。前面介绍过,在 Python 中,想要调用 Python 对象的附带属性时,只需要在对象后加上"."和属性或函数名即可,如"string.split()"。

```
>>> dir(string)
['__add__', '__class__', '__contains__', '__delattr__', '__dir__',
'__doc__', '__eq__', '__format__', '__ge__', '__getattribute__', '__
```

```
getitem__', '__getnewargs__', '__gt__', '__hash__', '__init__', '__init_
subclass__', '__iter__', '__le__', '__len__', '__lt__', '__mod__', '__
mul__', '__ne__', '__new__', '__reduce__', '__reduce_ex__', '__repr__',
'__rmod__', '__rmul__', '__setattr__', '__sizeof__', '__str__', '__
subclasshook__', 'capitalize', 'casefold', 'center', 'count', 'encode',
'endswith', 'expandtabs', 'find', 'format', 'format_map', 'index',
'isalnum', 'isalpha', 'isascii', 'isdecimal', 'isdigit', 'isidentifier',
'islower', 'isnumeric', 'isprintable', 'isspace', 'istitle', 'isupper',
'join', 'ljust', 'lower', 'lstrip', 'maketrans', 'partition', 'replace',
'rfind', 'rindex', 'rjust', 'rpartition', 'rsplit', 'rstrip', 'split',
'splitlines', 'startswith', 'strip', 'swapcase', 'title', 'translate',
'upper', 'zfill']
```

可以利用“help()”函数查看这些附带属性或函数的具体用法，或者通过 https://docs.python.org/3/ 网页搜索这些函数的用法。在后面章节中，当具体使用某种方法时，会根据具体使用对它们进行讲解。

```
>>> help(string.split)
Help on built-in function split:

split(sep=None, maxsplit=-1) method of builtins.str instance
    Return a list of the words in the string, using sep as the delimiter
string.

    sep
      The delimiter according which to split the string.
      None (the default value) means split according to any whitespace,
      and discard empty strings from the result.
    maxsplit
      Maximum number of splits to do.
      -1 (the default value) means no limit.
(END)
```

+(加法)、*(乘法)在字符串中有特殊的运算功能。加法在字符串中起到连接字符串的作用,常用这一方法进行路径和文件名的粘连,如 path+filename。当然,也可使用内置模块“os”的“os.path.join()”函数,此处不进行介绍。

```
>>> path='/home/nanjing/'
>>> filename='test.txt'
>>> path+filename
'/home/nanjing/test.txt'
```

乘法在字符串里起复制字符串的作用。

```
>>> string*2
'NanjingNanjing'
>>> string*3
'NanjingNanjingNanjing'
```

(3)列表

列表是存储若干个 Python 对象的顺序序列,用逗号隔开和方括号括起来。列表中的元素可由任意一种或多种Python对象组成,可以包括数字、字符串、列表、元组、字典、集合、模块等。定义列表有 2 种方式,一种是用 Python 的“list()”内置函数,可以把任意顺序序列转换成列表;另一种是将 Python 中若干个对象用逗号隔开,再用方括号括起来。

```
>>> a=list('Nanjing')
>>> a
['N', 'a', 'n', 'j', 'i', 'n', 'g']
>>> b=['Nanjing',1,[0,1],print]
```

列表 a 是用 list 函数将字符串转换成列表,列表的每个元素是一个字符。列表 b 是一个包含 4 个元素的列表,每个元素是 Python 中不同的对象,第一个元素是字符串('Nanjing'),第二个元素是整数(1),第三个元素是一个列表([0,1]),第四个元素是“print()”函数。列表是一个一维顺序序列,可通过“len()”函数查看长度。此外,还可用推导的方式和 Python 内置函数生成列表(将在 for 循环中介绍)。

列表的索引也是切片式的。通常,在 Python 中如无特别说明,索引方式均为切片式。与字符串不同,列表中的元素是可变的。如下面这段代码,索引了第 0 个元素“b[0]”,然后进行替换。

```
>>> b[0]
'Nanjing'
>>> b[0]='Beijing'
>>> b[0]
'Beijing'
>>> b
['Beijing', 1, [0, 1], <built-in function print>]
```

字符串具有不可变性,但列表中的元素是可变的,因此,利用列表的可变性可对字符串进行改变。

```
>>> string='Nanjing'
>>> string=list(string)
>>> string
['N', 'a', 'n', 'j', 'i', 'n', 'g']
>>> string[0:3] = ['B','e','i']
>>> string
['B', 'e', 'i', 'j', 'i', 'n', 'g']
>>> string=''.join(string)
>>> string
'Beijing'
```

上段代码,首先利用“list()”函数将变量“string”转换成列表,接着对列表中的前三个元素“string[0:3]”进行替换。替换后,利用字符串的附带函数“join()”完成对列表中所有元素的粘连(空字符串粘连),使之成为一个字符串。“join()”函数是字符串的附带函数,它的输入参数是一个各个元素均为字符串的列表,使用函数前面的字符串('')可将列表中的字符串连成一个完整字符串。每个字符串均有内置的“join()”函数,包括空字符('')。读者可以试试用字符串“-”进行连接,看看得到的是什么。

+(加法)、*(乘法)在列表中与字符串有相似的功能。用加法可以对两个列表进行拼接。注意两个拼接的对象都必须是列表,否则会报错。

```
>>> b+[1,2,3]
```

```
['Nanjing', 1, [0, 1], <built-in function print>, 1, 2, 3]
>>> b+1
Traceback (most recent call last):
  File "<stdin>", line 1, in <module>
TypeError: can only concatenate list (not "int") to list
```

上段代码，对列表“b”加上列表“[1,2,3]”，两个列表粘连成了一个新列表。但是，对列表“b”加上整数 1 时，就会出错。

乘法在列表里也起到了复制的作用。

```
>>> b*2
['Beijing', 1, [0, 1], <built-in function print>, 'Beijing', 1, [0,
1], <built-in function print>]
```

从上面的讲述可以看到，列表的加法起着粘连作用，并不能将每个元素都加 1；列表乘法起着复制作用，并不能将每个元素都乘 2，这使很多初学者在使用 Python 时容易产生困惑。如果想用 Python 进行数组的加减乘除运算，需要把列表变成可以进行此类运算的对象，例如 Numpy 的 Ndarray 结构（在后面章节介绍）。

要想为列表增添新元素，除加法外，也可使用列表附带的“append()”和“extend()”函数，分别针对单个对象和整个列表进行增添。

```
>>> b.append(1)
>>> b
['Beijing', 1, [0, 1], <built-in function print>, 1]
```

上段代码，可看出在列表 b 后面加了一个元素“1”。

```
>>> b.extend([1,2,3])
>>> b
['Beijing', 1, [0, 1], <built-in function print>, 1, 1, 2, 3]
```

用列表函数“extend()”也实现了增添新元素的功能。但是，使用“extend()”函数和“append()”函数，结果是不同的。

```
>>> b=['Nanjing',1,[0,1],print]
```

```
>>> b.append([1,2,3])
>>> b
['Nanjing', 1, [0, 1], <built-in function print>, [1, 2, 3]]
```

可以看到,用“append()”增添元素时，“[1,2,3]”这个列表变成了“b”中的最后一个元素;因此，“append()”把整个列表作为一个元素。而“extend()”则将列表“[1,2,3]”中的所有元素分别对应“b”中的新元素。“extend()”和“append()”在 Python 编程中经常使用,需要读者熟练掌握。需要注意,这两个函数没有返回值(或返回 None),它们直接作用在内存上改变原列表。

列表“b”的第三个元素是一个列表,这是列表的嵌套。利用此功能,结合第三方库可建成多维数组。然而,嵌套列表的索引首先要索引到被嵌元素“b[2]”;若想索引此元素的第二个元素,应为“b[2][1]”。使用“b[2,1]”进行索引,则会报错。因为列表在 Python 中是一维顺序序列,仅当使用 Python 某些第三方库定义的对象类型时可以进行多维索引,如 Numpy 的 Ndarray(将在第 3 章介绍)。

```
>>> b[2]
[0, 1]
>>> b[2][1]
1
>>> b[2,1]
Traceback (most recent call last):
  File "<stdin>", line 1, in <module>
TypeError: list indices must be integers or slices, not tuple
```

需注意,列表赋值后是将内存位置赋予变量,类似于 C、Fortran 语言中的指针给出变量在内存中的位置,可在很大程度上节省内存。因此,对变量赋值某列表后,新旧变量共用同一内存,改变新列表中的元素后,原列表也会发生改变。

```
>>> a=['Nanjing',1,[0,1]]
>>> b=a
>>> b[0]='Beijing'
>>> a
['Beijing', 1, [0, 1]]
>>> b
['Beijing', 1, [0, 1]]
```

上段代码把“a”赋给了“b”,然后改变“b[0]”,再来看变量“a”时,“a[0]”也发生了改变。这是 Python 中列表类似于指针的特点。若想让“b”成为一个独立于“a”的列表,即改变“b”时不影响到“a”,可使用下面方式的任一种。

```
>>> a=['Nanjing',1,[0,1]]
>>> b=a[:] #b=a.copy()
>>> b[0]='Beijing'
>>> a
['Nanjing', 1, [0, 1]]
>>> b
['Beijing', 1, [0, 1]]
```

在赋值时,用“b=a[:]”或“b=a.copy()”,这时“b”与“a”不再共用同一内存。编程过程中需特别注意 Python 的这一特点,否则可能会出错。

由于字符串的不可变性,它不会与新的变量共享内存。

```
>>> a='Nanjing'
>>> b=a
>>> b='Beijing'
>>> print(a,b)
Nanjing Beijing
```

可以看到,“a”被赋给了“b”,“b”赋值“Beijing”后,由于字符串的不可变性特点,变量“a”并不会发生变化,得到了两个不同的字符串(占用不同的内存)。在 Python 的学习中要特别注意,哪些对象是可变的,哪些是不可变的。

(4)元组

元组可看作不可变的列表,它与列表有很多相似之处,如索引方式、加法和乘法。不同主要体现在 3 个方面,首先,元组是由圆括号括起来的顺序序列;其次,元组中的元素不可变;最后,定义元组使用“tuple()”函数,或者用圆括号将以逗号隔开的多个对象括起来。当元组仅有一个对象时需在该对象后加上逗号,表示一个元素的元组,如“(1,)”,读者可以试试“(1)”会变成什么。

```
>>> a='Nanjing'
```

```
>>> b=tuple(a)
>>> b
('N', 'a', 'n', 'j', 'i', 'n', 'g')
>>> b[0]='B'
Traceback (most recent call last):
  File "<stdin>", line 1, in <module>
TypeError: 'tuple' object does not support item assignment
```

上段代码利用内置的“tuple()”函数将字符串“a”变成一个元组，当想改变元组的第一个对象时报错了，那是因为元组是不可变的。若想改变元组中的对象该怎么办（提示：可以通过与列表间的转换完成）？元组的不可变性，为保证代码的稳定性提供了解决办法。

(5)字典

字典是 Python 的另一个重要对象。它通过键名（key，一般是字符串，也可以是整数）对键值（key value，可以是 Python 的任意对象）进行索引。字典可通过多种方式定义。

首先，利用“dict()”函数以“dict(键名 = 键值，……)”的方式定义字典。此处，键名不写成字符串，但是“dict()”函数会自动将其变为字符串；键值可以是 Python 中任意的对象。例如，生成有两个键名的字典。

```
>>> a=dict(Nanjing=28,Beijing=25)
>>> a
{'Nanjing': 28, 'Beijing': 25}
```

其次，利用花括号定义字典。

```
>>> a={'Nanjing': 28, 'Beijing': 25}
```

上段代码中，键名用字符串表示（“Nanjing”“Beijing”），键名后加冒号“:”，后跟键值。

最后，利用“zip()”函数配合“dict()”函数生成字典。zip（拉链）顾名思义，可将不同的顺序序列进行配对，生成一个 zip 类对象。

```
>>> a=['Nanjing','Beijing']
>>> b=[28,25]
>>> dict(zip(a,b))
```

```
{'Nanjing': 28, 'Beijing': 25}
```

上段代码建立了两个列表顺序序列（亦可是元组）“a”和“b”，列表“a”用于存放键名，列表“b”用于存放键值，使用“zip()”函数将“a”中的对象与“b”中的对象一一对应，再用“dict()”函数生成字典。

需注意，字典中的键名具有唯一性，重复的键名在字典中会被去重。如下段代码中，字典里出现两个相同的键名，最终只取最后一个键名及其键值。因此，在定义字典时务必注意字典键名的唯一性。

```
>>> {'Nanjing': 28, 'Beijing': 25,'Beijing':30}
{'Nanjing': 28, 'Beijing': 30}
```

字典是无序的，因此，字典索引方式与顺序序列不同，不能采用序号索引，仅能使用键名索引。索引方式为“字典名 [键名]”，字典名后跟方括号，方括号内为键名。

```
>>> a={'Nanjing': 28, 'Beijing': 25}
>>> a['Nanjing']
28
```

利用“dir()”函数可查看字典所有的附带属性和函数，其中比较常用的有 3 个函数：“keys()”“update()”和“pop()”。

“keys()”函数用来查看字典有哪些键名，方便索引时参考。

```
>>> a.keys()
dict_keys(['Nanjing', 'Beijing'])
```

“update()”函数可以为字典添加新的键名和键值。接上面字典“a”，为它添加了一个新的元素。

```
>>> a.update({'Shanghai':27})
>>> a
{'Nanjing': 28, 'Beijing': 25, 'Shanghai': 27}
```

字典中的元素既然可以添加，那么也可以删除。“pop()”函数则用于删除键名及其键值，其输入参数为要删除的键名。对于字典“a”，则是将最后添加的键及其键值删除。

```
>>> a.pop('Shanghai')
27
>>> a
{'Nanjing': 28, 'Beijing': 25}
```

(6)集合

集合是 Python 的另一个重要基础对象。与字典有相似之处，是无序的，但是却只有“键名”。“键名”不再局限于字符串，可以是 Python 的任意对象。用“set()”函数或花括号“{}”定义集合，其元素可以是 Python 中的任意对象。

```
>>> A={1,2,3,4,5}
>>> B=set(range(4,10))
>>> A
{1, 2, 3, 4, 5}
>>> B
{4, 5, 6, 7, 8, 9}
```

上段代码定义了两个集合“A”和“B”。集合的特点，在于可以进行集合的运算，包括交集“&”、并集“|”和异或运算“^”。其中，用“^”对集合“A”“B”进行运算时，表示以 A ∪ B 为全集时，A ∩ B 的补集（图 2.2）。

```
>>> A & B
{4, 5}
>>> A | B
{1, 2, 3, 4, 5, 6, 7, 8, 9}
>>> A ^ B
{1, 2, 3, 6, 7, 8, 9}
```

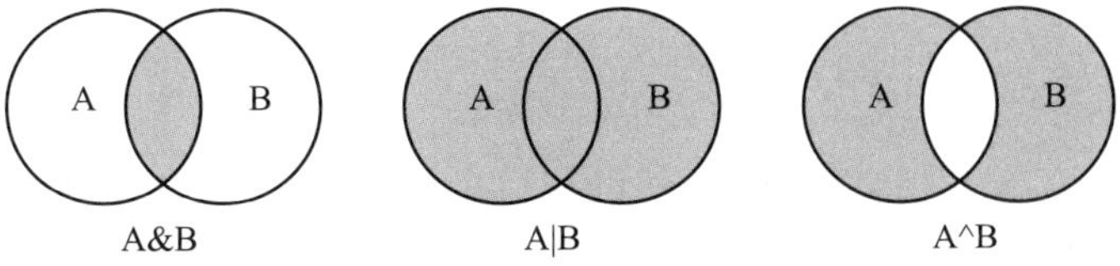

图 2.2　集合运算维恩图

(7)布尔型

一般来说,布尔型涉及“True”和“False”两个值。但是,在 Python 中非零整数均被视为“True”值,0 被视为“False”值。布尔型运算在编程中非常重要,包括比较运算(“>”“>=”“<”“<=”“==”“!=”)、身份运算(“is”“is not”)、成员运算(“in”“not in”)和逻辑运算(“and”“or”“not”)。

学过编程的读者应该非常熟悉比较运算。Python 中的比较运算与其他编程语言并没有差别。下面是 1 和 2 两个整数的比较运算。

```
>>> 1>2
False
>>> 1>=2
False
>>> 1<2
True
>>> 1<=2
True
>>> 1==2
False
>>> 1!=2
True
```

需注意,Python 比较运算中两者必须是相同的对象。当两者为数字时,比较的是数值大小;当为字符串、列表、元组、集合时,比较的是它们的长短(注意:字典不能进行比较)。

身份运算用来判断两个标识符是否共用相同内存。前面介绍过的列表可变性,在此处可得到进一步理解。

```
>>> a = list('Nanjing')
>>> b = a
>>> b is a
True
```

可以看到,“a”和“b”是共用相同内存的。因此,改变“b”中的元素时“a”中的元素也会改变,体现出列表的可变性。

```
>>> a = list('Nanjing')
>>> b = a.copy()
>>> b is a
False
>>> b is not a
True
```

上段代码,“b”是对列表“a”进行复制“.copy()”的结果。因此,列表“a”和“b”不共用内存,即“a”和“b”所占内存位置相互独立。此时,改变“b”中的元素,不会影响到“a”中的元素。

对于字符串、列表、元组、集合,Python 提供了成员判断,以字符串为例。

```
>>> 'N' in 'Nanjing'
True
>>> 'C' in 'Nanjing'
False
>>> 'C' not in 'Nanjing'
True
```

对于逻辑运算的与(“and”)、或(“or”)、非(“not”),在所有的计算机程序中都有涉及,用于处理布尔型对象间的关系。比如下段代码,请读者结合布尔型运算进行理解。

```
>>> a = 'Nanjing'
>>> b = 'Beijing'
>>> a>b or len(a)<3
True
>>> a>b and len(a)<3
False
>>> (not a>b) and len(a)<3
False
```

(8)其他类型

Python 中还包括“None”,即空型。也可使用“class”语句自定义类型,后面学习的各类模块均广泛涉及其自定义类型,比如 Numpy 的 Ndarray、Xarray 的 DataArray、Pandas 的

DataFrame 等,均属于自定义类型。关于自定义类型,感兴趣的读者,建议阅读 Python 在线说明文档或相关书籍,本书不做进一步介绍。

2.3 Python 的语句

(1)缩进

Python 使用缩进约束其语句单元的结构范围。将缩进引入语法结构极大地精简了 Python 的代码长度。在 Python 中一般使用 4 个空格作为缩进,也可以使用 Tab 或其他个数(≥1)的空格。但是,同一个代码缩进必须保持一致,否则不符合语法规范,产生语法错误。因为大多数代码都使用 4 个空格作为缩进,建议读者使用 4 个空格作为缩进,本书也以 4 个空格作为缩进。在 IDLE 中编写 Python 代码时会自动缩进。Python 中非语法结构的空格不属于缩进的范畴,这些空格的加入不影响代码的运行,合适的空格还可以增加代码的可读性。读者需要注意不要将这些空格与缩进混淆。

例如,“happy.py”中的判断语句就用 4 个空格作为缩进。

```
#!/usr/bin/env python
import time
if __name__=='__main__':
    print('Be happy on '+time.strftime('%Y-%m-%d'))
```

上段代码利用 if 语句和逻辑关系式“__name__=='__main__'”判断代码是否为主函数。如果这个“.py”文件是主函数,则执行打印函数。这段代码用灰色长条表示空格缩进,4 个灰色长条表示 4 个空格。本书中所有灰色长条均表示空格缩进。若语句行前灰色长条个数相同,表示这些语句在相同的语句结构范围内。没有灰色长条的语句行,表示无缩进或仅存在对代码没有影响的空格。

由于使用缩进,Python 的 if 语句省略了其他计算机语言中类似“endif”等表示语句结束的部分。同样,对于 Python 的其他语句结构(如循环)和函数等均使用缩进表示语句和函数的结构范围,不再为语句或函数提供结束部分。由此,简化了代码长度,使代码结构清晰简洁。

(2)if 语句

与许多计算机语言相同,Python 使用 if 进行判断,语法结构如下:

```
if　逻辑关系式:
```

```
    语句
elif  逻辑关系式:
    语句
else:
    语句
```

上述结构中，在 if 后紧跟空格和一个逻辑关系式，该关系式产生一个布尔值（“True”或“False”），为“True”时执行 if 下方的语句；为“False”时，则执行 elif 后的逻辑关系式产生另一个布尔值（“True”或“False”），为“True”时执行 elif 下方的语句，否则执行 else 下方的语句。每个 if、elif、else 下方控制的语句都以 4 个空格的缩进开头，表示该条件的执行范围。此外，每个逻辑关系式后都以冒号“:”结尾（else 紧跟冒号），冒号表示逻辑判断的结束。与缩进一样，冒号也是 Python 语法的重要组成部分。初学者常常忽略这个冒号，导致语法错误。

如果代码仅需要判断一个逻辑关系，可省略 elif 或 else。若需判断多个条件，可在 if 与 else 间加入更多的 elif 语句。需注意，elif 后一定要跟一个逻辑关系式或布尔值。前面学习过，布尔值可以是 0（False）和非 0 整数（True），因此，整数也可用于判断。此外，除用 elif 外，也可以进行 if 语句的嵌套，需要注意使用缩进控制各语句的执行范围。

下段代码输入一个数字，在 if 后对该数字取整，再判断它是否非 0，若非 0 输出字符串“not zero”，否则什么都不做。在 if 语句里嵌套另一个 if 语句（第 4 行前有 4 个空格的缩进，表示嵌套在上一个 if 语句结构中），嵌套的 if 判断“a”是否 <0；若 a<0，则打印 a 值。打印“a”的语句前有 8 个缩进（第 5 行），其中前 4 个缩进表示它是第 2 行 if 内的语句，后 4 个缩进表示它也是第 4 行 if 结构中的语句。

```
1   a = input() # 输入一个数字
2   if int(a):
3       print('not zero')
4       if int(a)<0:
5           print(a)
```

学习过“dir()”函数和 if 语句后，此处介绍 Python 代码中使用“if __name__=='__main__':”判断的重要性。对于所有的 Python 代码或模块，均有内置变量“__name__”（name 前后均为两个下划线），用于存储模块名称。如果该代码不是被导入的，则“__name__”值为“__main__”（main 的前后均为两个下划线），如果该代码是导入的，则“__name__”值为导入模块的名称。

例如，写一个只有一行的代码，保存为“test_main.py”文件。

```
print(__name__)
```

如果直接运行该代码，得到的结果是“__main__”。

```
[ ]: %run test_main.py
__main__
```

但是，如果将“test_main.py”作为模块导入，得到的结果是“test_main”。

```
[ ]: import test_main
test_main
```

在代码中加入“if __name__=='__main__':”，当该程序作为主函数运行时就会执行该 if 语句下的代码。若将该程序作为模块导入时，则不执行 if 语句内的代码。写 Python 程序时养成使用“if __name__=='__main__':”的习惯，特别在利用 Python 进行并行计算时尤为重要。多线程运算时，机器需要清楚谁是主函数。此外，还可以方便其他代码调用该代码中的函数，方便随时将代码转换成子函数（不用补敲缩进）。

（3）while 循环

在 Python 中有两类循环语句。首先，介绍 while 循环，语法结构如下：

```
while 逻辑关系式:
    语句
```

在 while 后的逻辑关系式与 if 语句中的逻辑关系式相同（注意逻辑关系式后有冒号），产生一个布尔值。当为“Ture”时，循环一直执行，除非强行终止。一般有两种方式结束 while 循环。

第一种方式，在循环中对逻辑关系式内的变量值进行改变，引发逻辑关系式的值变成“False”。例如，对逻辑关系式中的变量进行累加、累减等。

```
i = 0
while i<10:
    print(i)
    i += 1
```

（输出略）

上段代码使“i”成为逻辑关系式中的变量，当“i”值小于 10 时正常循环(第 2 行)，当“i≥10”时终止循环。由第 4 行的代码触发“i≥10”，每次循环对“i” 累加 1。第 4 行使用了累加赋值“+=”，Python 中还有累减“-=”、累乘“*=”、累除“/=”等赋值方式。实际应用中，while 循环一般用于迭代计算，用逻辑关系式对迭代后的误差进行判断，当误差小于阈值时终止循环。读者可以根据需求灵活地运用 while 循环。

第二种方式，利用 if 语句和 break 语句跳出循环。

```
1    i = 0
2    while True:
3        print(i)
4        i += 1
5        if i>=10:
6            break
```

(输出略)

上段代码 while 后面是“True”值，是无限循环，若不强制终止，会一直运行(第 2 行)。但是，在代码中，加入 if 语句和 break 语句的结合后，当“i≥10”时，循环终止(第 5~6 行)。在 if 前有 4 个空格的缩进(第 5 行)，表示 if 语句嵌套在 while 语句中，而在 break 语句(第 6 行)前有 8 个缩进，表示此行属于嵌套的 if 语句内结构。此外，还有 continue 语句，break 表示跳出当前的语句模块(如循环)，而 continue 语句表示不执行其后的语句，但是不跳出语句模块。用下段代码体会 continue 语句和 break 语句的区别。

```
1    i = 0
2    while i<10:
3        i += 1
4        if i==5:
5            break
6        print(i,'ok')
```

(输出略)

上段代码在“i”累加值变成 5 时执行 break 语句，跳出循环，输出到“4 ok”(请读者思考为什么没有“0 ok”)。如果将 break 语句换成 continue 语句。

```
1    i = 0
```

```
2    while i<10:
3        i += 1
4        if i==5:
5            continue
6        print(i,'ok')
```
（输出略）

从上段语句发现，除“5 ok”外，1~10 都输出了。将 if 语句和 continue 语句结合后，当满足条件时“此次”不执行 continue 下的语句，循环继续。请读者思考，为什么不把第 3 行的累加语句放在第 6 行下，会出现什么问题？

(4) for 循环

相较于 while 循环，for 循环在 Python 中使用频率更高。语法结构如下：

```
for  变量名  in  顺序序列:
    语句
```

for 循环按顺序遍历一个顺序序列的每个元素，将元素的值赋予 for 后的标识符内。Python 中顺序序列有字符串、列表、元组、“range()”函数生成的整数序列、可迭代序列、各类第三方模块生成的顺序序列等。循环次数为顺序序列中元素的个数，如字符串长度、可迭代序列的迭代次数等。

“range()”是 Python 的常用内置函数，自成一类，用于生成各元素均为整数的顺序序列。“range(start,stop,step)”函数有 3 个仅为整数的输入参数，分别为起始值“start”、结束值“stop”和间隔“step”，表示从起始到结束每隔一定间隔取一个整数值。

实际应用时，不必为“range()”函数提供全部参数。仅输入一个参数时，参数值赋予“stop”，此时“start”默认为 0，“step”默认为 1。输入两个参数时，第一个参数被赋予“start”，第二个参数被赋予“stop”，“step”默认为 1。“range()”函数是一个独立的 range 类对象，通过遍历才能逐一给出整数。例如，下段代码显示了“range(1,10)”对象，并未给出 1~10 的所有整数。

```
>>> range(1,10)
range(1, 10)
```

“range()”类支持索引。

```
>>> a=range(10)
>>> a[5]
5
```

此外,可以用“list()”函数或“tuple()”函数,或循环,让 range 类变成列表或元组。

```
>>> list(range(1,10))
[1, 2, 3, 4, 5, 6, 7, 8, 9]
>>> tuple(range(1,10))
(1, 2, 3, 4, 5, 6, 7, 8, 9)
```

上段代码用“list()”函数和“tuple()”函数分别将“range(1,10)”变成了 1~9 的整数列表和元组,而不是 1~10 的整数。因此,“range()”函数遵循切片式引用。

当 for 循环中的语句不长,把循环的结果变成列表时,可使用列表循环。在列表中内置一个 for 循环,在 Python 中称之为“推导”,这是 Python 语言的一个重要特色。下段代码利用 for 循环和“range()”函数,生成 0~9 的数字。若用圆括号生成一个可迭代的推导式或生成器,可以用 for 循环进行遍历。

```
>>> a = [i for i in range(10)]
>>> a
[0, 1, 2, 3, 4, 5, 6, 7, 8, 9]
```

学会使用“range()”函数后,可以用 for 循环打印 0~10 的偶数。

```
for i in range(0,11,2):
    print(i)
```
(输出略)

请读者思考循环了几次?为什么“range()”函数中的“stop”参数是 11 而不是 10?

在不使用“range()”函数又想进行计数时,可以用“enumerate()”函数对 for 循环进行计数。用“enumerate()”函数对 for 循环进行计数时,将 for 循环遍历的顺序序列作为“enumerate()”函数的输入参数即可。下段代码遍历一个字符串。

```
for x in enumerate('Happy'):
```

```
    print(x)
(0, 'H')
(1, 'a')
(2, 'p')
(3, 'p')
(4, 'y')
```

从上段语句发现输出的都是元组。其中,第一个元素表示序号,第二个元素为顺序序列中的元素。如果想在循环一开始就分开序号和元素,可以用如下代码。

```
1 for i,x in enumerate('Happy'):
2     print(i,x)
(输出略)
```

第 1 行,将每次输出的元组赋予“i”,元素赋予“x”。第一次循环相当于下段代码,即将元组的两个元素分别赋予“i”和“x”,余下循环类同。

```
>>> i,x = (0,'H')
```

想按顺序同时遍历多个序列的元素时,可用“zip()”函数配合 for 循环。内置函数“zip()”不仅能把一对序列“拉”到一起,还可以将两个及以上的序列“拉”到一起。此时,可用 for 循环遍历它,当序列长度不同时,以最短序列的长度为循环的次数,如下段代码。

```
a = 'Happy'
b = range(10)
c = ['red','orange','yellow','green','blue','cyan','purple']
for x in zip(a,b,c):
    print(x)
('H', 0, 'red')
('a', 1, 'orange')
('p', 2, 'yellow')
('p', 3, 'green')
('y', 4, 'blue')
```

与“enumerate()”函数类似，“x”在每次循环时被赋予了“a”“b”“c”3 个序列的顺序元素组成的元组。如果想将各元素赋予不同的变量，可以写成下段代码，同时为“zip()”进行计数。

```
1    a = 'Happy'
2    b = range(10)
3    c = ['red','orange','yellow','green','blue','cyan','purple']
4    for i,(x,y,z) in enumerate(zip(a,b,c)):
5        print(i,x,y,z)
（输出略）
```

第 4 行，注意到“x”“y”“z”外面打了括号，请读者思考为什么？提示一下，这是“enumerate()”函数返回值的特点。若不计数该怎样写？

2.4　自定义函数

对需要重复执行的代码，最好将其写成一个子函数，可使代码结构清晰简洁，方便修改和减少出错。

(1) lambda 函数

一般，lambda 函数用于定义简单计算式，语法规则如下：

函数名 =lambda　输入参数：　输入参数组成的计算式

函数名遵循标识符命名法则，lambda 的输入参数是 Python 中的各类对象，以逗号隔开，计算式可以是多种形式，最后返回值为计算结果。在计算式中可以引用代码之前已导入的模块和已定义的变量。当输入参数名与已定义的标识符相同时，已定义的标识符在 lambda 函数内失效。调用时，直接使用“函数名 (参数)”的方式，例如下段代码。

```
>>> import math
>>> fnc = lambda x,y: math.sqrt(x**2+y**2)
>>> fnc(3,4)
5.0
```

上段代码定义了一个 lambda 函数，输入两个参数，使用到了 math 内置模块中的根号函数

“math.sqrt()”。

```
>>> import math
>>> x=2
>>> fnc = lambda x,y: math.sqrt(x**2+y**2)
>>> fnc(3,4)
5.0
>>> fnc = lambda y: math.sqrt(x**2+y**2)
>>> fnc(4)
4.47213595499958
```

上段代码中,第一个 lambda 函数有两个参数,在 lambda 函数前有一个赋值语句“x=2”。“x”与 lambda 函数中的第一个参数重名,当调用这个 lambda 函数时“x=2”不起作用。第二个 lambda 函数只有一个参数“y”,但是在计算式中有两个参数“x”和“y”,计算时用到已定义的“x=2”。此处,涉及 Python 的命名空间,将在本章最后统一介绍。

(2)自定义函数 def 语句

自定义函数是 Python 模块的重要组成部分,语法结构如下:

```
def   函数名 ( 位置参数,关键字参数 ):
    语句
    return 返回值
```

由于 Python 代码是逐行执行的,因此,子函数必须写在调用之前,完成解释后机器才能知道该函数的存在。在 def 之后跟着函数名,同样函数名遵循标识符的命名规则。函数名后的圆括号内为函数的输入参数,包括位置参数和关键字参数。位置参数必须在关键字参数前,两者的位置不能混淆。位置参数,顾名思义,由输入参数的位置决定。关键字参数,可与位置无关,但需提供默认值。调用函数时,输入的参数若不提供关键字,可以按位置提供给函数;当有关键字时可不按位置提供。

在 def 语句中要使用缩进标识子函数的结构范围。函数可以提供或不提供返回值(不写 return),可以返回一个或者多个返回值,Python 的返回值可以是其任意对象,如函数。同样,在函数中可以随意引用主函数中导入的模块和已定义的变量,仅当输入参数名与已定义标识符重名时,已定义标识符在函数内失效。调用方式与 lambda 函数相似,使用“函数名 (参数)”的方法。子函数还可以对自己进行调用(递归),本书不做介绍。下段代码将上面的 lambda 函数写成 def 定义的函数。

```
from math import sqrt
def Pythagoras(a,b):
    c = sqrt(a**2+b**2)
    return c
if __name__=='__main__':
    x = Pythagoras(3,4)
    print(x)
5.0
```

在上段代码中没有设置关键字参数，下面来感受一下关键字参数的作用。

```
1    from math import sqrt
2    def Pythagoras(a,b,s=None,n=None):
3        c = s(a**n+b**n)
4        return c
5    if __name__=='__main__':
6        x = Pythagoras(3,4,n=2,s=sqrt)
7        print(x)
```

（输出略）

上段代码中，子函数中有 4 个参数（第 2 行），前两个为位置参数，必须按顺序给出，后两个为关键字参数，一个是开方函数（键值“s”），另一个是乘方指数（键值“n”），默认值为“None”。第 6 行，调用该函数时，由于关键字的存在，可以不按顺序提供（需注意这两个参数必须在位置参数之后）。调用时若不提供关键字，也可以使用“Pythagoras(3,4,sqrt,2)”的方式，但要严格按照位置提供各参数。

（3）map 和 filter 函数

当定义了 lambda 函数或子函数时，可使用内置“map()”和“filter()”函数批量执行。举个简单的例子。

```
>>> fnc = lambda x: x**2
>>> list(map(fnc,range(10)))
```

```
[0, 1, 4, 9, 16, 25, 36, 49, 64, 81]
```

上段代码中,定义了一个对输入参数进行平方的 lambda 函数“fnc()”;接着,利用“map()”函数将“range()”函数生成的 0~9 的整数逐一作为“fnc()”的参数进行输入;最后,利用“list()”函数将“map()”得到的结果变成列表。由此,“map()”的功能可看作是为函数逐一提供参数。

“filter()”函数也有类似功能。但是,它是以函数返回值为依据进行筛选,返回符合条件的输入参数值,比如下段代码。

```
>>> fnc = lambda x: x%2==0
>>> list(filter(fnc,range(10)))
[0, 2, 4, 6, 8]
```

上段代码根据“fnc()”的返回值,筛出了参数中的偶数。

(4)命名空间

命名空间即作用域。Python 中的命名空间是名称到对象的映射,它以字典的形式保存程序中的各种对象,包括全局变量和局部变量。可使用“globals().keys()”和“locals().keys()”分别进行查看。

```
from math import sqrt
def Pythagoras(a,b,s=None,n=None):
    c = s(a**n+b**n)
    print('子函数中的全局变量')
    print(globals().keys())
    print('子函数中的局部变量')
    print(locals().keys())
    return c
if __name__=='__main__':
    x = Pythagoras(3,4,n=2,s=sqrt)
    print('主函数中的全局变量')
    print(globals().keys())
    print('主函数中的局部变量')
    print(locals().keys())
```

```
子函数中的全局变量
dict_keys(['__name__', '__doc__', '__package__', '__loader__', '__spec__', '__annotations__', '__builtins__', '__file__', '__cached__', 'sqrt', 'Pythagoras'])
子函数中的局部变量
dict_keys(['a', 'b', 's', 'n', 'c'])
主函数中的全局变量
dict_keys(['__name__', '__doc__', '__package__', '__loader__', '__spec__', '__annotations__', '__builtins__', '__file__', '__cached__', 'sqrt', 'Pythagoras', 'x'])
主函数中的局部变量
dict_keys(['__name__', '__doc__', '__package__', '__loader__', '__spec__', '__annotations__', '__builtins__', '__file__', '__cached__', 'sqrt', 'Pythagoras', 'x'])
```

从输出的结果可以看出,在主函数中全局变量与局部变量相同。在子函数中,全局变量是主函数中的变量,局部变量是在子函数中定义的变量。因此,当主函数和子函数(包括 lambda 函数)中命名的标识符相同时,所属变量的优先级是先局部变量、后全局变量、再内置变量(图 2.3)。

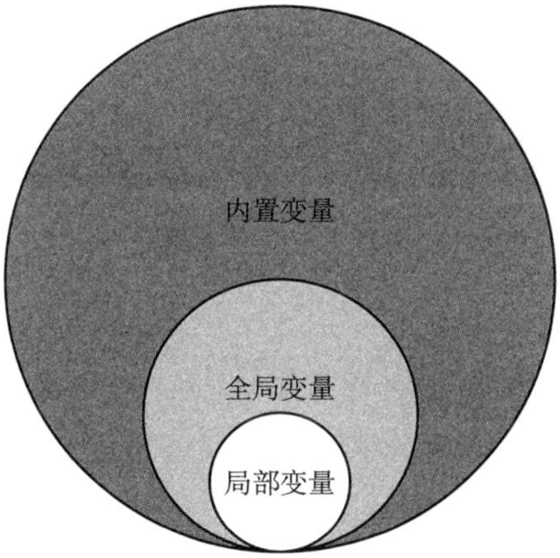

图 2.3　Python 的命名空间

使用 global 和 nonlocal 语句可以打破命名空间的基本规则,建议感兴趣的读者通过 Python 在线说明文档进一步了解,此处不再介绍。

2.5 本章小结

本章对 Python 的语法特点、基本对象、基本语句，以及自定义函数进行简要介绍，以满足后续气象应用时的基本要求。想要会用并用好 Python，语法基础非常关键，对看懂各类第三方函数至关重要。想要深入学习和了解 Python 语法基础的读者，建议通过 Python 在线说明文档进行深入学习，有时网络的各类论坛也是个好帮手，或者系统性地阅读相关书籍。推荐阅读《Python 学习手册》，[美] 马克·卢茨（Mark Lutz）著，秦鹤和林明译。

为提升 Python 的学习兴趣，建议读者不妨使用 Python 内置的 turtle 绘图模块边学边练（https://docs.python.org/3/library/turtle.html）。例如，利用所学的语法基础知识结合 turtle 绘制五角星、正多边形、太极图等，甚至可以用来设计 Logo。本书不对 turtle 模块进行介绍，该模块简单易学，是儿童 Python 教学的常用模块之一。此外，使用 Microbit（https://python.microbit.org/）等用于机器人编程的模块，也可加强对 Python 语言基础的学习。

第 3 章　利用 Python 读写数据

Python 除基础对象外,一些第三方函数库也提供了许多自定义结构。第三方库须安装后才能使用,因此,在学习本章前,需先在 Anaconda Powershell Prompt 的相应环境下,对第三方函数库进行安装。Numpy、Pandas、Xarray 在默认的 Channel 和 conda-forge 上均有安装源,此处通过 conda-forge 进行安装。同时,安装用于读写 Excel 表格的 xlrd 和 openpyxl 两个模块,安装好读写 netcdf、hdf5、grib 数据的模块,方便后续使用。需注意,pygrib 仅在 conda-forge 上有安装源。

```
> conda install -c conda-forge numpy pandas xlrd openpyxl xarray
netcdf4 hdf5 pyrib cfgrib h5py
```

在学习过语言基础后,读者应当具备看懂 Python 代码结构和函数使用方法的能力。从本章起编者将尽量以完整代码对实际气象应用进行讲解。碰到未讲解过的函数和知识点时,就在相应的位置进行介绍。用这种方式,读者可以边练边理解。在写完代码的同时,通过相应的知识点弄懂每行代码的含义,相信能快速掌握各类函数的使用,各示例也为读者的实际应用提供了参考。最后,编程的要旨在于举一反三。

3.1　多维数据结构

(1) Numpy 的 Ndarray

Numpy 是 Python 进行科学计算的主要函数库之一(https://numpy.org/), 针对多维数组(矩阵)进行处理和运算。很多函数库都基于 Numpy 的多维数据结构构建函数。Numpy 最基本的数据结构是多维数组(N-dimensional arrays,Ndarray),可利用 Numpy 的“array()”函数建立。使用 Numpy 中的函数处理后的返回数组也为 Ndarray 结构。

```
>>> import numpy as np
```

```
>>> a = np.array([1,2,3,4,5])
>>> a
array([1, 2, 3, 4, 5])
```

上段代码首先导入 Numpy 模块，一般将其缩写成“np”。第 2 行用“np.array()”将列表转换成一维的 Ndarray 数组。对列表进行嵌套时，可以建立多维数组。接上段代码，不再重复导入 Numpy 模块。

```
>>> b = np.array([[1,2],[3,4],[5,6]])
>>> print(b)
[[1 2]
 [3 4]
 [5 6]]
```

上段代码建立了一个 3 × 2 的 Ndarray。若“b”是列表，它是一个包含 3 个元素的一维列表，每个元素是一个列表。但是，当“b”是 Ndarray 时，是多维数组。此时，可利用“shape()”函数查看“b”的大小。有两种方式可调用“shape()”函数。第一种方式是 Ndarray 的附带函数，另一种方式是 Numpy 模块附带的“shape()”函数，效用相同。注意，列表没有附带的“shape()”函数。

```
>>> b.shape
(3, 2)
>>> np.shape(b)
(3, 2)
```

不同于列表，Ndarray 的索引方式与大多数计算机语言的索引方式相同，可进行多维索引。但是，它以“[ ]”包含索引值进行索引，各维度的索引方式遵循切片式法则。可单值索引，亦可分段索引。例如，索引第 2 行第 1 列的数值。

```
>>> b[1,0]
3
```

上段代码中，对于二维数组，第一个索引值表示行，第二个索引值表示列。在计算机中 Ndarray 的存储方式是先列后行，即从右到左的方式。后面介绍的所有多维数组的存储方式均为从右到左，同时各个维度均遵循切片式法则。

与列表相似,可进行分段索引和使用负号索引。例如,引用前两行和后两列的元素。

```
>>> b[:2,-2:]
array([[1, 2],
       [3, 4]])
```

此外,也可以使用索引间隔,请读者自行尝试。Ndarray 可以进行数组运算,包括介绍过的+(加)、-(减)、*(乘)、/(除)、//(整除)、%(取余)、**(幂)、比较、成员、集合等运算。因为逻辑运算是 2 个布尔值的比较,所以数组不进行逻辑运算。数组运算是针对每个元素进行的,要求 2 个数组大小结构相同。还可通过 Numpy 函数进行矩阵运算,这些内容将在相应的章节通过实例进行介绍。

对于 Ndarray 还可采用布尔值进行索引,此时要求索引的布尔值序列要与数组的大小相符。接上段代码,举 3 个例子。

```
>>> msk = b>3
>>> msk
array([[False, False],
       [False,  True],
       [ True,  True]])
```

上段代码用数组"b"进行了比较运算,判断数组中大于 3 的值,返回了一个与原数组结构完全相同的数组。当有多个判断时,需将逻辑运算用圆括号括起,并运用集合运算,如"msk=(b<=3)&(b>=0)"。此时,若使用该数组进行索引,将得到大于 3 的新数组,该数组是一维的。

```
>>> b[msk]
array([4, 5, 6])
```

如果仅想得到第一列大于 3 的数值,操作如下:

```
>>> msk = b[:,0]>3
>>> msk
array([False, False,  True])
```

上段代码得到了第一列大于 3 的布尔值,第一列最后一行大于 3。如果想对这一行进行

索引,只需使用这个维度的布尔序列进行索引。结果如下:

```
>>> b[msk,:]
array([[5, 6]])
```

Ndarray 的这一索引方式在 Python 气象应用中被广泛使用,可以用它选取某一范围内的数据,或在绘图时将不显著的数值设成缺测。

```
>>> b = b*1.
>>> msk = b<=3
>>> b[msk] = np.nan
>>> b
array([[nan, nan],
       [nan,  4.],
       [ 5.,  6.]])
```

上段代码首先将数组“b”转换为浮点型。然后,得到判断是否小于等于 3 的布尔值数组“msk”,利用布尔值索引将小于或等于 3 的值变成“np.nan”(缺测数值),由于“np.nan”是浮点型,因此,一开始将数组变成浮点型。若想将大于 3 的数变成缺测值,可重新判断,或者对“msk”取反(使用“~”)。

```
>>> b = np.array([[1,2],[3,4],[5,6]])*1.
>>> b[~msk] = np.nan
>>> b
array([[ 1.,  2.],
       [ 3., nan],
       [nan, nan]])
```

上段代码中,“msk”继续使用前面定义的数值,但对“b”重新赋予原值,可以发现数组中的元素变成了“nan”的位置是大于 3 的。对于 Ndarray,读者可以灵活地使用比较、成员、集合运算建立布尔值的索引。

(2)Pandas 的 DataFrame

Pandas 是用来处理二维数组的函数库(https://pandas.pydata.org/),兼具数据读写和分析功能。其特有的数据结构为 DataFrame，附带读写二维表格的函数，包括 Excel 表格和 csv 数据。DataFrame 的数据结构与 Excel 表格中看到的数据结构极为相似（二维），由行和列组成，每行可以包括行索引，每列可以含有表头，如图 3.1 所示的表格。表格的内容可以是数字或字符串。

	表头 1	表头 2	…
索引 1			
索引 2			
…			

行

列

图 3.1　DataFrame 的数据结构

DataFrame 的数据结构可以利用字典建立，字典的 key 值就是 DataFrame 的表头，默认的索引是从 0 开始的整数。若想使用其他索引，可以为 Pandas 的“DataFrame()”函数设置“index”选项。

下面将一个代码拆分进行讲解，请读者注意在本书中带行号的表示“.py”的代码，以 1 开头的行号表示新代码，连续的行号表示同一代码。首先，导入 Pandas 模块，一般会将其缩写为“pd”。

```
1    import pandas as pd
```

引入 Pandas 模块后（第 1 行），建立一个字典（第 2 行）。此处，以考试成绩为例。假设有 3 位同学的 3 门考试成绩，成绩的数值用列表给出，也可以是其他顺序序列，如元组或一维 Ndarray。

```
2    score = {'A同学':[65,70,99],'B同学':[50,100,100],'C同学':[75,80,59]}
3    print(score)
{'A同学': [65, 70, 99], 'B同学': [50, 100, 100], 'C同学': [75, 80, 59]}
```

第 4 行使用“pd.DataFrame()”函数建立 DataFrame 数据结构。假设 3 门功课分别为语文、数学和英语。这里需用到“index”参数为“df”提供行索引；若无，则默认的行索引将是从 0 开始的整数。

```
4    df = pd.DataFrame(score,index=['语文','数学','英语'])
5    print(df)
    A同学  B同学  C同学
语文   65    50    75
```

```
数学    70  100   80
英语    99  100   59
```

上段代码中,使用了 2 个“print”函数(第 3 行和第 5 行),分别打印出建立的字典和最后建立的 DataFrame 数组结构。以“df”为标识符的 DataFrame 结构还包含很多的内置属性和函数,可通过“dir()”函数查看。其中,常用的有“iloc”“values”“to_excel”和“to_csv”。

利用“iloc”函数,可对 DataFrame 结构的二维数组进行索引。与二维的 Ndarray 相似,第一个索引为行,第二个索引为列,索引的方式遵循切片式法则。例如,索引第二位同学(索引值 1)的语文(索引值 0)成绩。

```
6   print(df.iloc[0,1])
50
```

若想直接索引某一列,可以直接使用类似于字典的键值索引,输出的结果也为 Pandas 的数据结构。

```
7   print(df['B 同学'])
语文      50
数学     100
英语     100
Name: B 同学 , dtype: int64
```

有时若不想使用 DataFrame 结构的数据,可将其转换成 Numpy 的 Ndarray。调用其“values”属性,可将 DataFrame 数据变成 Numpy 数组。

```
8   print(df.values)
[[ 65  50  75]
 [ 70 100  80]
 [ 99 100  59]]
```

请读者思考,若想调出 C 同学的成绩,并变成 Numpy 数组该怎么办?

```
9   df.to_excel('成绩 .xlsx')
10  df.to_csv('成绩 .csv')
```

第 9~10 行，将 DataFrame 结构存储为 Excel 表格（亦可是 2003 版的“.xls”）和 csv 数据。从示例中可以看到这两个函数的第一个参数为文件名，它们还有其他参数可对写出的文件做去表头或去索引的处理。读者可以利用“help”函数，或打开 Pandas 的网站根据个人的实际需求设定相应的参数。

对于 Excel 和 csv 数据的读取，利用 Pandas 亦可以轻松实现。需要注意的是，读出的数据是 DataFrame 结构的。

```
11  a = pd.read_excel('成绩 .xlsx')
12  b = pd.read_csv('成绩 .csv', encoding='gbk')
```

由于 csv 文件中存在中文，第 12 行使用了“gbk”的编码设置，否则有的计算机读出的数据会乱码，“encoding”参数的默认值为 utf-8。请读者保存好“成绩 .csv”文件，下面章节会涉及该数据的使用。

(3) Xarray 的 DataArray

Xarray 是带标签（label）的多维数组（https://docs.xarray.dev/），与 Pandas 的 DataFrame 有相似之处，但不再局限于二维数组。为了避免数据下载链接的失效，此处利用 Numpy 写一个稍复杂的代码生成一个数组，用来建立 DataArray，顺带介绍几个常用的 Numpy 函数。

```
1   import xarray as xr
2   import numpy as np
```

第 1~2 行，导入 Xarray 和 Numpy 模块，一般 Xarray 缩写为“xr”。建立一个三维数组，包括时间“time”、纬度“lat”和经度“lon”。时间假设为 2100 年的 12 个月，空间水平分辨率假设为 1°×1°。

```
3   if __name__=='__main__':
4       time = ['-'.join(['2100','%02i' %(m),'01'])
5               for m in range(1,13)]
6       time = np.array(time,dtype='datetime64')
```

第 4~5 行，利用列表循环建立以时间为元素的字符串列表。其中，用到字符串的“join()”函数，读者可将此步的“time”变量打印查看。第 6 行，用“np.array()”函数将列表转换成 Ndarray 数组，此处使用了“dtype”参数，将列表转换成 Numpy 的时间格式，datetime64 格式（在

第 5 章进行详细介绍)。

```
7     lon = np.arange(360)
8     lat = np.arange(-90,91)
9     x, y = np.meshgrid(lon,lat)
```

第 7~8 行,利用“np.arange()”函数分别生成 0~359 和 -90~90 的整数序列(思考为什么数值从 -90 到 91)。“np.arange()”函数与 Python 内置的“range()”函数用法相似,但它直接生成 Ndarray 的整数序列,而不是 range 类。此外,“np.arange()”函数也支持浮点数作为起始、结束和间隔参数,由此生成浮点数序列。

第 9 行,使用了 Numpy 的“np.meshgrid()”函数,它可以将一维的 lon 和 lat 变成二维数组,与 Matlab 中“meshgrid”函数功能相同。由此,可得到纬向 360 个格点和经向 181 个格点的二维经度值(“x”)和纬度值(“y”),通过“shape()”函数可查看“np.meshgrid()”输出数据的个数。

```
10    n, m = (1,1)
11    A = np.cos(n*y/180*np.pi)**2
```

第 10~11 行定义 3 个变量,“m”和“n”表示纬向波数和经向波数,“A”表示振幅。在定义振幅时,使用到“np.cos()”函数,其输入参数是以弧度表示的角度,用“np.pi”将 -180~180 表示的角度换算成弧度,“np.pi”是 Numpy 提供的圆周率。此处,将振幅定义为纬度余弦的平方,该定义使得赤道振幅最大并向两极衰减。

```
12    dat = []
13    for i in range(12):
14        tmp = A*np.sin(i*2*np.pi/12-m*x/180*np.pi)
15        dat.append(tmp)
```

第 12 行定义一个空列表。第 13~15 行是一个 for 循环,每循环一次列表增加一个元素。从第 13 行可看出,共循环 12 次。第 15 行,使用列表的“append()”函数在每次循环时对列表元素进行增加。第 14 行,“tmp”为计算的数值,相当于以公式 $f(t,x)=A\sin(\omega t-mx)$ 表示的简谐波,其中 ωt 引起波动随时间的变化;x 为以弧度表示的经度变化,m 为纬向波数;A 是振幅,第 11 行已计算得到。该简谐波,纬向波数为 1,周期为 12 个月(图 3.2)。

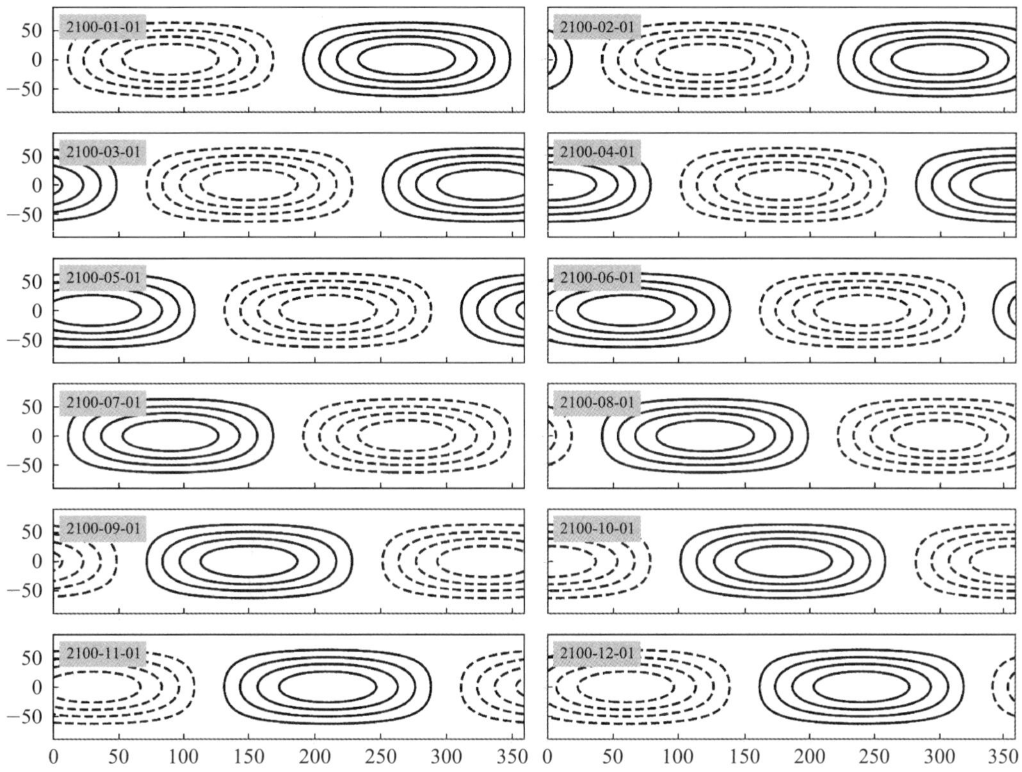

图 3.2　生成数据“dat”的图形（将在第 4 章讲解绘图）

```
16    dat = np.array(dat)
```

第 16 行将得到的列表变成 Ndarray。通过“shape()”函数可以看出“dat”是一个 $12\times181\times360$ 的数组。

有了“dat”数组后，进一步将其变成 DataArray。

```
17    da=xr.DataArray(dat,name='wave',dims=('time','lat','lon',),
18              coords={'time':time,'lat':lat,'lon':lon})
19    print(da)
```

（输出略）

第 17~18 行，用“xr.DataArray()”函数建立 DataArray 数据结构。函数需 4 个基本参数，包括数据、名称“name”、维度“dims”和坐标“coords”。数据参数是该函数的第一个位置参数，其余 3 个参数是关键字参数。其中,名称参数"name"以自拟的字符串作为参数;维度参数"dims"是一个元组,按顺序提供数据的维度名称;坐标参数"coords"是一个字典,需提供每个维度名(键)对应的坐标值(键值)。

Xarray 的 DataArray 有 3 种索引方式。第一种方式与 Numpy 的 Ndarray 相同,此处不再赘述。第二种方式是调用"loc"属性。

```
20    print(da.loc['2100-06-01',0,180])
<xarray.DataArray 'wave' ()>
array(-0.5)
Coordinates:
    time     datetime64[ns] 2100-06-01
    lat      int32 0
    lon      int32 180
```

第 20 行,使用"loc"调用 6 月赤道 180° 经度的数据。注意到"loc"属性在方括号内输入索引值,但索引值并不是以整数序号表示的元素所在位置,而是使用 DataArray 数据的具体坐标值。

"loc"也支持分段索引。第 21 行代码索引 6—12 月、赤道 100°—180° 经度的数据。需要注意,有些数据的纬度值从 90°N 到 90°S 存储,即 90~-90,在分段索引这类数据时需从正值到负值的顺序写分段值。读者可以将代码的第 8 行改成"np.arange(90,-91,-1)"进行体验。

```
21    print(da.loc['2100-06-01':'2100-12-1',0,100:180])
(输出略)
```

此外,还可使用 DataArray 的"sel()"函数对 DataArray 进行索引,它的输入参数以数据维度名称为关键字。

```
22    print(da.sel(time='2100-06-01',lon=np.arange(100,180)))
(输出略)
```

第 22 行使用 2 个关键字参数,其数值可以是一个坐标值,也可以是坐标值组成的列表或元组。如不提供某一关键字,则默认选择全部。

有时需要调用 DataArray 的坐标,这时 DataArray 类似一个字典,直接使用字典的调用方式。第 23 行给出调用"lon"的方式(调用其他维度亦同)。

```
23    print(da['lon'])
<xarray.DataArray 'lon' (lon: 360)>
array([  0,   1,   2, ..., 357, 358, 359])
Coordinates:
  * lon      (lon) int32 0 1 2 3 4 5 6 7 8 ... 352 353 354 355 356 357 358 359
```

在学会索引 DataArray 后，可通过为 DataArray 添加属性进一步完善数据的其他信息。此处用到 DataArray 的"attrs"属性，具体用法为"attrs[自拟属性名(字符串)]= 字符串"。

```
24    da.attrs['units'] = 'unitless'
25    da.attrs['creator'] = 'Zhou Y.'
26    da.attrs['destription'] = 'A sin wave'
27    da['lon'].attrs['units'] = 'degrees_east'
28    da['lat'].attrs['units'] = 'degrees_north'
29    print(da)
<xarray.DataArray 'wave' (time: 12, lat: 181, lon: 360)>
array(...)
Coordinates:
  * time     (time) datetime64[ns] 2100-01-01 2100-02-01 ... 2100-12-01
  * lat      (lat) int32 -90 -89 -88 -87 -86 -85 -84 ... 84 85 86 87 88 89 90
  * lon      (lon) int32 0 1 2 3 4 5 6 7 8 ... 352 353 354 355 356 357 358 359
Attributes:
    units:        unitless
    creator:      Zhou Y.
    destription:  A sin wave
```

第 24~26 行为数据"wave"加上 3 个自拟的属性；第 27~28 行，通过调用 DataArray 的 2 个维度，为坐标添加单位信息。为 DataArray 添加属性和信息，可以进一步完善数据，为数据共享提供方便。同时，将其存储为 NetCDF 格式数据时携带这些信息，用于后期使用和共享。Xarray 存储 NetCDF 格式数据的方法非常简单，利用 DataArray 的"to_netcdf()"函数即可。

```
30  da.to_netcdf('wave.nc')
```

第 30 行,将生成的 DataArray 数据存储成 NetCDF 数据。“to_netcdf()” 函数的第一个参数为存储文件名。

对于高级用户,可能需修改输出文件的其他属性,“to_netcdf()” 函数还提供了很多其他参数(如利用“encoding” 参数修改缺省值),本书对这些参数不做详细介绍,感兴趣的读者可在 Xarray 网站阅读相关资料。

虽然 DataArray 也可以进行各种算术运算,但是在许多运算过程中不需要或没必要对维度进行描述。此时,利用“to_numpy()” 函数(第 31 行),或“values” 属性(第 32 行),可以把 DataArray 数据转换成 Ndarray 数据。

```
31  a = da.to_numpy()
32  b = da.values
33  print(type(a),type(b),a.shape)
<class 'numpy.ndarray'> <class 'numpy.ndarray'> (12, 181, 360)
```

第 33 行,通过“type()” 内置函数查看 “a” 和 “b” 两个变量均为 Ndarray,最后输出了它的元素个数。

Xarray 中还有 Dataset,顾名思义,它表示一组 DataArray。此处仅讲解一个基于 DataArray 定义 Dataset 的方法,用到 “xr.Dataset()” 函数。

```
34  ds = xr.Dataset(data_vars={'wave':da})
35  print(ds)
<xarray.Dataset>
Dimensions:  (time: 12, lat: 181, lon: 360)
Coordinates:
  * time     (time) datetime64[ns] 2100-01-01 2100-02-01 ... 2100-12-
01
  * lat      (lat) int32 -90 -89 -88 -87 -86 -85 -84 ... 84 85 86 87
88 89 90
  * lon      (lon) int32 0 1 2 3 4 5 6 7 8 ... 352 353 354 355 356
357 358 359
Data variables:
    wave     (time, lat, lon) float64 0.0 -6.544e-35 ... -1.76e-33
```

```
-1.818e-33
```

第 34 行建立了一个 Dataset，此处仅用了一个 DataArray，还可以用多个 DataArray 进行建立，可看出需用到“xr.Dataset()”函数的关键字参数“data_vars”，它对应一个字典“{ 变量名 :DataArray,…}”，对变量的索引方式与字典相似。与 DataArray 相同，Dataset 结构也有一个“to_netcdf()”函数，可直接将 Dataset 存储成 NetCDF 数据。

对于 Xarray 需注意，有些版本不支持中文路径(包括所在路径为中文)，存储数据时会报错。另外，在安装 Xarray 时要注意 Python 的版本，并且要与 NetCDF 库同时安装，以保证 Xarray 对 NetCDF 的支持。

3.2　文本数据读写

文本对人类是友好的，而二进制对机器是友好的。文本数据不以二进制形式直接存储，计算机将人类可读的符号进行编码处理，再将编码以二进制进行存储，常用的编码形式包括 ASCII、Unicode、UTF-8、GBK 等。广义地讲，“.xlsx”“.xls”“.csv”等数据均为文本型数据，日常接触的文本数据主要以“.txt”为后缀。用于读写文本型数据的函数很多，本书将介绍其中最基本的函数。

(1)写入 txt 文本

Python 内置的“open()”函数是用来读写数据的最基本函数，它不仅可用于读写文本数据，还可以读写二进制数据(随后介绍)。“open()”函数有 3 个常用参数，第一个参数是文件名，是其唯一的位置参数；第二个参数“mode”是第一个关键字参数，按顺序写时可省略关键字，表示读写状态和是否为二进制(“r/w”“rb/wb”)，如不特别说明二进制模式(“b”)，默认为文本模式(“t”)；第三个参数是“encoding”参数，表明数据是以何种编码形式存储的，默认为“UTF-8”。对于其他函数和参数本书不详细介绍，同样，强烈建议感兴趣的读者使用“help()”函数或者阅读相应的说明深入学习。

为避免数据下载链接的失效，先生成一个文本型数据，再反过来读它。

```
import numpy as np
def creatdat(year,b=0,size=30):
    time = ['-'.join([str(year+i),'01','01'])
              for i in range(size)]
    time = np.array(time,dtype='datetime64')
```

```
6       I = np.arange(size)/size
7       dat = b*I*size
8       for i in range(1,11):
9           A = np.random.random()
10          B = np.random.random()
11          dat += A*np.sin(I*i*np.pi*2+B*np.pi)
12      return time,dat
```

第 1 行导入了 Numpy。第 2~12 行定义了一个子函数，用来生成一个随机的时间序列。第 2 行子函数包括 3 个参数，1 个位置参数和 2 个关键字参数。第一个参数是年，当作时间序列的起始年；第二个参数为数据的线性趋势；第三个参数是序列的长度。第 3~5 行，是一段前面使用过的代码，用于生成时间，不过此处变化的是年份。

第 6 行使用“np.arange()”函数，除以“size”后把序列号变成 0~1 范围内。第 7 行生成了一个带趋势的序列，相当于 $y = bt$。第 8~11 行，利用循环生成序列，使该时间序列不仅包含一个线性趋势，还包含 10 个正弦简谐波的随机线性叠加。第 9~10 行，利用“np.random.random()”生成 0~1 的 2 个随机数，A 用作振幅，B 用于对位相进行随机位移。第 11 行，利用累加赋值将线性趋势和 10 个谐波进行叠加，可注意到在“size”长度内共有 1~10 个周期。第 12 行返回时间（“time”）和时间序列（“dat”）。

```
13  if __name__=='__main__':
14      dat = []
15      for b in [0.05,-0.05,0]:
16          time, tmp = creatdat(2100,b=b,size=100)
17          dat.append(tmp)
18      fnc = lambda x: '%10.3f' %(x)
19      with open('data.txt','w') as f:
20          for t,x,y,z in zip(time,*dat):
21              tmp = ''.join(list(map(fnc,[x,y,z])))
22              tmp = str(t)+tmp+'\n'
23              f.write(tmp)
```

第 13~23 行为主函数。第 14 行定义了一个空列表，用于存储数据。第 15~17 行生成 3 个序列，通过改变子函数“creatdat()”中用于表示趋势的关键字“b”来生成。第 15 行，用“b”遍历了数值 0.05、-0.05 和 0。第 16 行调用函数生成数据，起始年为 2100 年，趋势为“b”值，数据长度 100 年。第 17 行,将得到的序列存至列表“dat”中(图 3.3)。

第 18~23 行,将得到的 3 个序列存入 txt 文本中。第 18 行定义了一个“lambda”函数,用于将浮点数变成“10.3f”的格式,长度为 10 保留小数点后 3 位。第 19 行用到 with 语句,将“open()”函数打开的文件对象赋予变量“f”。with 的范围也以缩进控制,使用 with 语句相当于“f=open()”,好处是可省略最后的“f.close()”语句。第 19 行,“open()”语句输入 2 个参数,文件名“data.txt”和读写状态“w”,默认为文本型。

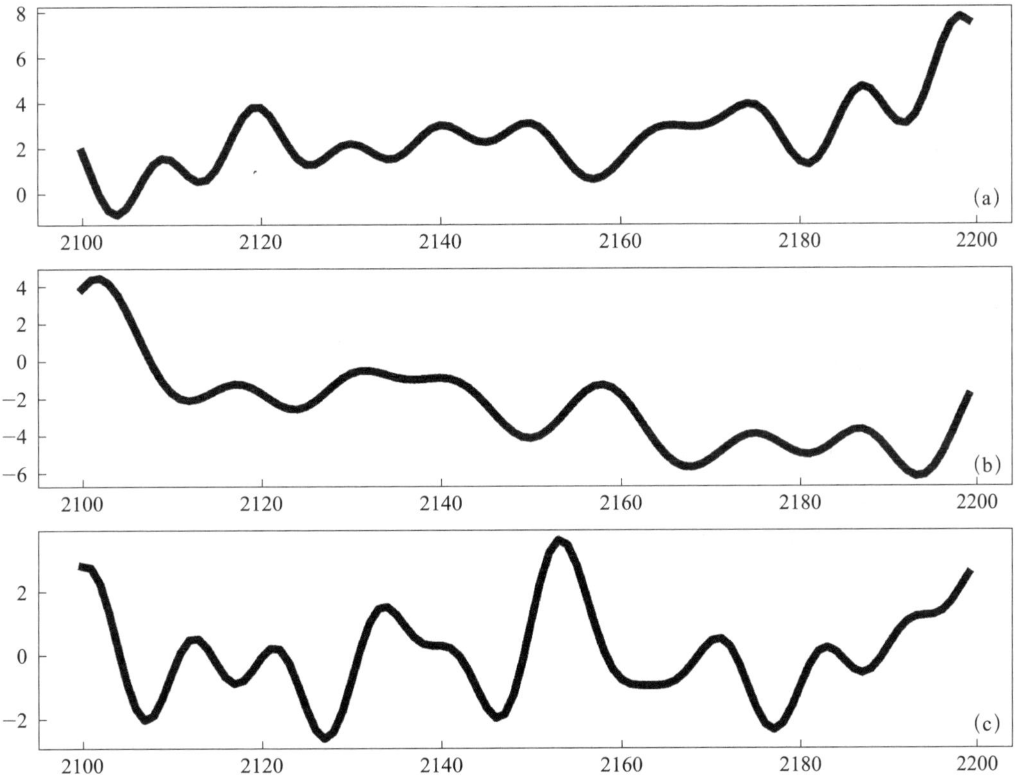

图 3.3　由 b=0.05(a)、-0.05(b)和 0(c)生成的序列(由于使用了随机数 *A* 和 *B*,除了趋势,每次生成的序列均会不同)。绘图将在第 4 章讲解

第 20~23 行,利用循环写数据。第 20 行,利用“zip()”函数将时间“time”与 3 个时间序列“dat”进行配对,注意在“dat”前加上了“*”,这是对“dat”进行分解,等同“zip(time,dat[0],dat[1],dat[2])”。分解后每个时次的值被分别赋予变量“t”“x”“y”“z”。第 21 行利用“map()”函数,使“x”“y”“z”被 lambda 函数转换成“10.3f”的格式,转换后变成列表,再利用“join()”函数变成一个字符串。第 22 行,利用内置的“str()”函数将时间变成字符串,进一步与数据字符串粘连成一个字符串,并在字符串的最后加了一个换行符“\n”。

第 23 行，利用“open()”的“write()”函数将数据以字符串的形式按顺序写入文件，如不加换行符，数据会连在一起。“write()”函数的参数是要写入文件的字符串。打开写好的“data.txt”，可以看到如下数据（由于使用了随机数，每次生成的序列均有不同）。第一列为时间，第2~4 列分别是 b 为 0.05、-0.05 和 0 的序列（图 3.3）。

```
2100-01-01     1.851     3.861     2.803
2101-01-01     0.866     4.321     2.740
2102-01-01    -0.088     4.409     2.252
2103-01-01    -0.743     4.122     1.371
2104-01-01    -0.936     3.508     0.259
2105-01-01    -0.658     2.651    -0.840
```
（下面省略）

（2）读取 txt 文本

可以利用“open()”函数读取“data.txt”。同样，利用 with 语句打开文件。

```
1   if __name__=='__main__':
2       with open('data.txt','r') as f:
3           for x in f.readlines():
4               tmp = x.split()
5               print(tmp)
```

第 3 行，用到“open()”附带的“readlines()”函数。同时，还有“read()”函数和“readline()”2 个函数，第一个函数将文件内容整体读入一个字符串，第二个函数一次读入一行，需要循环依次读入，此处不进行详细介绍，请读者自行学习使用。利用 for 循环遍历“readlines()”也可以依次得到每行，无论哪种方式最终都要涉及字符串处理。

第 4 行，利用字符串的“split()”函数将一个字符串变成时间、3 个数据的列表。但是，注意到“split()”处理后的数据依然是字符串，进一步通过“float()”函数将字符串变成浮点型。读者可再利用“append()”“np.array()”等函数把字符串再次变成一个 Ndarray。请读者将“data.txt”保存好，在第 4 章用于绘图。

（3）读写 csv 数据

对于 csv 数据，除使用 Pandas，还可使用 Python 内置的 csv 模块进行读写。下面将之前用

Pandas 写的 csv 数据利用 csv 模块进行读取。

```
1    import csv
2    if __name__=='__main__':
3        with open('成绩 .csv') as f:
4            for x in csv.reader(f):
5                print(x)
['', 'A同学', 'B同学', 'C同学']
['语文', '65', '50', '75']
['数学', '70', '100', '80']
['英语', '99', '100', '59']
```

第 1 行导入 csv 模块，它是 Python 的内置模块，不需另外安装。第 3 行，使用 with 语句打开“成绩 .csv”文件，此处利用“csv.reader()”函数读入数据，利用 for 循环遍历读入的数据。数据读入后是字符串格式，后期需要进一步利用字符串的附带函数对其进行处理。

利用 csv 模块同样可以写 csv 格式文件，此处把“data.txt”文件写成 csv 格式文件。

```
1    import csv
2    if __name__=='__main__':
3        f0 = open('data.csv','w',newline='')
4        cw = csv.writer(f0)
5        with open('data.txt','r') as f:
6            for x in f.readlines():
7                tmp = x.split()
8                cw.writerow(tmp)
9        f0.close()
```

第 3 行打开 csv 格式文件，读写状态是“w”，用到关键字参数“newline”。因为 csv 模块会自动换行，所以把“newline”设为空字符。第 4 行，利用“csv.writer()”函数将“open()”的“f0”作为参数传入。第 5~7 行，是讲解过的用于读入文本数据的代码。第 8 行，利用“cw.writerow()”函数写入数据。第 9 行，需将打开的“f0”进行关闭。读者可以打开生成的“data.csv”数据，或再利用 Pandas 练习一下读入的操作。

注意到第 8 行写入的每个元素依然是字符串。因此，在文本型数据的读写过程中会涉及大量的字符串处理操作，请读者务必熟练掌握字符串的处理。

3.3　二进制数据读写

二进制数据对机器是友好的,相对于文本数据,它不需要编解码,可以快速地与机器交互,并且可以节省存储空间。所有的数据都可以直接存储为二进制形式,广义地讲,NetCDF、Grib、HDF 等数据都属于二进制数据,对直接的二进制数据进行描述和再次编码能达到节省空间的目的。

(1)普通二进制数据

普通二进制数据类似于 Fortran 中的"formatted"或"binary"数据,它直接将数据存储为二进制。同样利用"open()"函数,在关键字"mode"中加入"b",也可将数据存储为二进制。此时需对数据进行二进制编解码,用到 Python 内置 struct 模块的"pack()"和"unpack()"函数。下面把 3.1 节中生成的"wave.nc"数据读入写成普通二进制格式。

```
1  import xarray as xr
2  from struct import pack
3  if __name__=='__main__':
4      da = xr.open_dataset('wave.nc')
5      dat = da['wave']
6      dat = dat.to_numpy()
7      f = open('wave.grd','wb')
8      for x in dat:
9          for y in x:
10             for z in y:
11                 z = pack('f',z)
12                 f.write(z)
13     f.close()
```

上段代码完成了对"wave.nc"的读入,然后写成"wave.grd"文件。第 2 行,导入了 struct 模块的"pack()"函数。第 4 行,将"wave.nc"读入,读入后的数据为 Xarray 的 Dataset 结构。第 5 行,索引其中的"wave"变量。第 6 行,将其转换成 Ndarray。

第 7 行,打开一个新的二进制文件,其"mode"参数为"wb","w"和"b"分别表示写入和二进制。第 8~12 行,利用 for 循环遍历"dat"数组里的每个元素。第 8 行,先遍历最左边维度(第 0 维),赋予"x"。读者可用 Numpy 的"shape()"函数查看,"x"应该是(181,360)的二维数组,说明此循环遍历了时间。第 9 行,遍历"x"变量,赋予"y"。"y"是长度为 360 的一维数组,说明用“y”遍历了纬度。第 10 行，遍历经度，赋予“z”，此时的“z”是一个浮点数。

第 11 行，利用 struct 的“pack()”函数将“z”编码成二进制格式，“pack()”函数的第一个参数表示数的格式，“f”表示 4 位浮点数。此外，也可是整数“i”“d”等整型或 8 位浮点型“f8”，还可将二进制数设置成 little-endian（“<”）或 big-endian（“>”），默认为 little-endian。感兴趣的读者可以进一步阅读 Python 在线说明文档关于“struct”函数的部分。“pack()”函数的第二个参数表示要编码的数字。第 12 行，将编码好的数字写入以“f”为标识符的文件。第 13 行，将打开的文件关闭（如不关闭计算机可能会一直记录该文件处于打开状态）。读者也可以将上面的代码改成用 with 语句的代码，从而省去第 13 行。在写完这个数据后，读者可以试着用 Fortran 打开，或者利用 NCL、GrADs 打开，GrADs 需要写一个描述文件。

接着，将上面的数据读出来。

```
1   from struct import unpack
2   import numpy as np
3   if __name__=='__main__':
4       with open('wave.grd','rb') as f:
5           dat = f.read()
6       dat = unpack(str(12*181*360)+'f',dat)
7       dat = np.reshape(dat,(12,181,360))
8       print(dat.shape)
(12, 181, 360)
```

第 1 行，导入 struct 模块的“unpack()”函数。第 4~5 行，用 with 语句配合“open()”函数读入数据。第 5 行，“open()”函数的“mode”参数为“rb”，将数据一次性读入。第 6 行，利用 struct 模块的“unpack()”函数将二进制数据进行解码，它的第一个参数以字符串的形式表示“f”型数据的个数，共有 12 × 181 × 360 个浮点数，第二个参数为要解码的数据，返回结果是一个长度为 12 × 181 × 360 的列表。第 7 行，调用了 Numpy 的“reshape()”函数将“dat”转换成（12, 181, 360）的 Ndarray 数组，方便后期使用，该函数的第一个参数是要转换的数据，第二个参数是一个元组，提供了数组的大小。

（2）NetCDF 和 HDF

前面介绍过用 Xarray 读写 NetCDF 数据。NetCDF（Network Common Data Form）是一个支持多平台创建、读写和分享的数组形式的数据格式，气象常用数据基本都以 NetCDF 格式存储，如再分析资料和模式结果。它具有自描述、多平台、便读取、易扩展、好分享和长支持的特点。NetCDF 数据库基本上也支持 HDF（Hierarchical Data Format）数据读写，HDF 数据包括 HDF4 和 HDF5(本书仅介绍 HDF5)。HDF 是美国超级计算应用中心(NCSA)开发的用于存储科学数据的格式,与 NetCDF 有非常相似的特点。气象卫星资料常用此格式存储,用 Xarray 的“open_dataset()”函数亦可读取。本节将介绍 Xarray 以外的 2 个库:netCDF4 和 h5py。

首先,利用 netCDF4 读数据,接着利用前面的“wave.nc”数据。

```
1   from netCDF4 import Dataset, num2date
2   if __name__=='__main__':
3       f = Dataset('wave.nc')
4       print(f)
<class 'netCDF4._netCDF4.Dataset'>
root group (NETCDF4 data model, file format HDF5):
    dimensions(sizes): time(12), lat(181), lon(360)
    variables(dimensions): int64 time(time), int32 lat(lat), int32 lon(lon), float64 wave(time, lat, lon)
    groups:
```

第 1 行,导入 netCDF4 模块的“Dataset()”和“num2date()”函数。第 3 行,利用“Dataset()”函数打开 NetCDF 数据,函数的第一个参数是文件名,第二个参数是读写状态“r/w”,默认是读的状态(亦可不提供)。感兴趣的读者可自行拓展阅读(https://unidata.github.io/netcdf4-python/),本书不进行介绍。第 4 行,打印数据信息。想要进一步读取文件中的数据,需要用到它的“variables”属性。

```
5       dat = f.variables['wave']
6       print(dat)
<class 'netCDF4._netCDF4.Variable'>
float64 wave(time, lat, lon)
    _FillValue: nan
    units: unitless
    creator: Zhou Y.
    destription: A sin wave
unlimited dimensions:
current shape = (12, 181, 360)
filling on
```

第 5 行，利用“variables”属性读出“wave”数据，可发现“variables”类似一个字典，但是第 6 行打印出来的还是数据信息。要进一步读出具体数据，须在“variables['wave']”或“dat”后加“[:]”。

```
7        dat = dat[:]
8        print(dat)
```

（输出略）

第 7 行，“dat”变成了 Ndarray 数据。使用 netCDF4 模块读出的数据是 Ndarray 类型，而使用 Xarray 读出的数据是 DataArray 类型，读者可根据需要自行决定使用何种方式。此外，对于时间、经度、纬度，或其他变量亦可使用相同的方法读取。

细心的读者会发现第 1 行还导入了用于处理时间的“num2date()”函数。

```
9        time = f.variables['time']
10       time = num2date(time[:],time.units,calendar='standard')
11       print(time)
[cftime.DatetimeGregorian(2100, 1, 1, 0, 0, 0, 0, has_year_zero=False) cftime.DatetimeGregorian(2100, 2, 1, 0, 0, 0, 0, has_year_zero=False) cftime.DatetimeGregorian(2100, 3, 1, 0, 0, 0, 0, has_year_zero=False)...]
```

第 9 行，与读入“wave”数据类似。此处，没有直接将其变成 Ndarray，因为 Ndarray 没有“units”属性，但第 10 行“num2date()”函数需使用该属性。“num2date()”函数的第一个参数是一个表示时间的整数序列，感兴趣的读者可进行打印。第二个参数是时间的单位，是一个字符串，表示时间整数从何时开始、间隔大小。最后一个参数表明该整数序列的日历格式，例如，有些数值模式的输出结果不区分闰年。对于最后输出的“time”变量，亦可利用“strftime()”函数转换成 Numpy 的“datetime64”格式。读者可根据前面所学知识尝试自行编写。对于时间数据，将在第 5 章进行详细介绍。

对于 HDF5 数据，先将“wave.nc”写成 HDF5 格式。

```
from netCDF4 import Dataset
import h5py

if __name__=='__main__':
```

```
5       f = Dataset('wave.nc')
6       dat = f.variables['wave']
7       time = f.variables['time']
8       lon = f.variables['lon'][:]
9       lat = f.variables['lat'][:]
10
11      with h5py.File('wave.hdf5','w') as fh:
12          fh['wave'] = dat
13          fh['time'] = time[:]
14          fh['lat'] = lat
15          fh['lon'] = lon
16          fh['time'].attrs['units'] = time.units
17          fh['time'].make_scale('time name')
18          fh['lon'].make_scale('lon name')
19          fh['lat'].make_scale('lat name')
```

第 2 行导入 h5py 模块。第 5~6 行，利用 netCDF4 模块读入数据及其维度信息。第 11~19 行写 HDF5 数据。第 11 行，用“h5py.File()”函数打开“wave.hdf5”文件，读写状态为“w”（默认为“r”）。此行利用 with 语句把打开的文件赋予变量“fh”，免去关闭文件的麻烦。第 11~15 行，利用“fh”加方括号将数据写入文件，方括号内是写入文件的变量名，等号后是 Ndarray 数据。第 16 行，利用“fh['time']”的“attrs”属性为时间加入单位信息，与 Xarray 的 DataArray 类似。第 17~19 行，分别利用写入数据的“make_scale”属性，将“time”“lat”“lon”设置成 3 个维度。可以注意到，第 3 行和第 10 行为空行，在代码编写过程中合理使用空行和空格可以增加代码的可读性。

对 HDF5 数据的读取，使用 Xarray 和 netCDF4 模块均能实现，可分别调用“open_dataset()”和“Dataset()”函数，具体方法与前面介绍的读取 NetCDF 数据大同小异。

下面介绍利用 h5py 模块读取 HDF5 数据。

```
import h5py

if __name__=='__main__':
    with h5py.File('wave.hdf5') as f:
        dat = f['wave']
        print(dat)
```

在第 1 行导入 h5py 模块后，第 4 行使用 with 语句和“h5py.File()”函数打开 HDF5 数据。第 5 行读入数据，数据的读入类似于字典，可使用“f.keys()”查看具体的变量。读入数据后需要在“dat”后加上“[:]”将其变为 Ndarray 型，否则仅读入数据的信息。

```
7         dat = dat[:]
8         print(dat)
```

（输出略）

(3) Grib 数据

Grib 是一种二进制数据的编码方式（General Regularly distributed Information in Binary form），是 WMO 用于存储和交换格点数据的一种格式，目前有 Grib1 和 Grib2 两个标准。Grib 数据通过对二进制数据进行编码，可以极大地压缩二进制数据的大小。Grib 数据的读写可以通过 ECMWF（欧洲中期天气预报中心）提供的 ecCodes 函数库（https://confluence.ecmwf.int/display/ECC/ecCodes+Home），它包括 Fortran、C 和 Python 等语言的函数。在安装 cfgrib 和 pygrib 的过程中，由于它们需要 ecCodes 的支持，ecCodes 模块会自动安装。

ecCodes 使用较为复杂，一般可使用 Xarray+cfgrib 或 pygrib 读取 Grib 数据。目前，除了使用 ecCodes 或者 cfgrib 的 Alpha 版本，没有函数库支持 Grib 数据的写入。一方面，Grib 格式为了对数据进行压缩将各类变量和格点等信息进行了编码，写 Grib 格式的数据较为复杂；另一方面，除了业务机构进行数据交换时使用 Grib 数据，一般在气象工作中只读取 Grib 数据，很少进行写的操作。下面使用 ecCodes 将一个数据写成 Grib 格式，但对各类函数的用法不做详细讲解，感兴趣的读者可使用提供的 ecCodes 链接进行拓展学习。

下段代码将生成一个空间中的波动数据。此次，使中纬度的波动振幅最大，将格点数减少至 73 × 144，产生的数据将在第 4 章绘图时使用。

```
import numpy as np
from eccodes import *

def crdat():
    lon = np.arange(0,360,2.5)
    lat = np.arange(90,-91,-2.5)
    x, y = np.meshgrid(lon,lat)
    m, n = (1,2)
    A = 100*np.sin(n*y/180*np.pi)**2
```

```
10      dat = []
11      for i in range(12):
12          tmp = A*np.sin(m*x/180*np.pi-i*np.pi/12)
13          dat.append(tmp)
14      time=[''.join(['2100','%02i' %(i+1),'01']) for i in range(12)]
15      time=[int(x) for x in time]
16      return time,lat,lon,dat
```

第 2 行，使用“*”导入 ecCodes 的所有函数。此用法对所有模块均适用，当对某一模块的函数使用较多时，用“from … import *”可以将某一模块的所有函数均导入。第 4~16 行生成一个数据。第 5~7 行，建立 73 × 144 的格点，可以注意到纬度从 90°N 开始。第 8 行，设定纬向 1 波（m）、经向 2 波（n）。第 9 行，“A”变量建立了经向的波数，使中纬度振幅最大，同时将振幅扩大 100 倍。第 10~13 行，建立格点数据，此处同样 12 个月，数据随月份变化。第 14~15 行，建立时间变量，与 Xarray 中 DataArray 的 datetime64 时间格式不同，此处将时间变成整数，使用 2100 年 1—12 月。第 16 行返回数据。

```
17  if __name__=='__main__':
18      time,lat,lon,dat = crdat()
19      sample_id=codes_grib_new_from_samples("regular_ll_pl_grib2")
20      keys = {'dataDate':time[0],
21              'startStep':0,
22              'endStep':0,
23              'hour':0,
24              'gridType':'regular_ll',
25              'stepType': 'instant',
26              'tablesVersion':28,
27              'discipline':0,
28              'parameterCategory':3,
29              'parameterNumber':5,
30              'decimalPrecision':3,
31              'level':500,
32              'Nx':len(lon),
33              'Ny':len(lat),
34              'latitudeOfFirstGridPointInDegrees':lat[0],
```

```
35              'longitudeOfFirstGridPointInDegrees':lon[0],
36              'latitudeOfLastGridPointInDegrees':lat[-1],
37              'longitudeOfLastGridPointInDegrees':lon[-1],
38              'jDirectionIncrementInDegrees':2.5,
39              'iDirectionIncrementInDegrees':2.5,
40              'centre':'babj',
41             }
42      clone_id = codes_clone(sample_id)
43      with open('wave.grib2','wb') as f:
44          for t,x in zip(time,dat):
45              keys['dataDate']=t
46              for key in keys:
47                  codes_set(clone_id,key,keys[key])
48              codes_set_values(clone_id,x.flatten())
49              codes_write(clone_id,f)
```

在主程序中，第 18 行调用定义的子函数，得到数据及其时间、纬度和经度。第 19~49 行，利用 ecCodes 提供的模板建立一个 Grib2 格式数据，存至名为“wave.grib2”的文件。第 20~40 行，提供 Grib2 数据信息，此处不进行介绍。需注意，变量信息均是由固定的 Grib2 表限定的。因此，Grib 数据是限定格式，不如 NetCDF 灵活，在第 40 行借用“Beijing”作为数据源。第 42~49 行写入 Grib 数据，其原理就是将数据根据 Grib2 的键值进行二进制编码，然后写入二进制数据。可以看到，第 43 行使用的“open()”函数，设定为“wb”模式，Grib 本质上是二进制数据，只是编码较为复杂。

有了 Grib 数据“wave.grib2”后，可以利用 Xarray+cfgrib 或 pygrib 进行读取操作。首先，用 pygrib。

```
import pygrib
if __name__=='__main__':
    with pygrib.open('wave.grib2') as grbs:
        for x in grbs:
            print(x.keys())
            dat = x['values']
            lon = x['longitudes'].reshape(73,144)
            lat = x['latitudes'].reshape(73,144)
```

第 1 行导入 pygrib 模块。第 3 行，利用 with 语句配合“pygrib.open()”函数打开“wave.grib2”数据。打开后的数据是分段存储的，每段存一份空间格点数据。利用 for 循环遍历就可读到每段数据。读者可以利用“print()”函数打印“x”变量，它以类似字典的方式存储数据和各类信息。第 5 行可查看每段数据的具体键值信息，包括“level”“dataDate”等，常用的还有经纬度信息（“lat”“lon”）和数据本身“values”，数据读出后是 Ndarray 结构的，其中“lon”和“lat”是一维数组，大小为 73 × 144，可以用“reshape()”函数变成二维数组，读出的“values”为(73，144)的数组。

```
1   import xarray as xr
2   if __name__=='__main__':
3       da = xr.open_dataset('wave.grib2',engine='cfgrib')
4       print(da)
```
（输出略）

利用 Xarray+cfgrib 所写的代码更简洁，第 3 行一步到位，读出的数据为 Xarray 的 DataArray 结构。需要注意，要将“xr.open_dataset()”函数的“engine”关键字参数处设成“cfgrib”。

```
5       da.to_netcdf('wave.grib2.nc')
```

最后，将数据写成 NetCDF 格式。存储后，细心的读者可发现对于同样内容的数据，“wave.grib2”为 280 kB，“wave.grib2.nc”为 516 kB。感兴趣的读者还可以将这个数据存为普通二进制形式进行比较。请读者将这 2 个数据保存好，在第 4 章绘图时将继续使用。

(4) Pickle 模块

对于二进制数据，有必要介绍一下 Python 自带的 Pickle 数据。虽然鲜有气象常用数据存储为此格式，但是它在处理数据过程中作为中间变量的存储非常方便。Pickle 是二进制形式的数据格式，可以存储 Python 的任意对象，甚至包括函数、模型等。存储 Pickle 数据需要用到 Python 的“open()”函数。既然是二进制格式，它的“mode”需要用到“b”。另外，还需分别使用 Pickle 模块的“pickle.dump()”和“pickle.load()”函数进行写和读的操作。接着上面的代码把数据存成 Pickle 格式。

```
6       import pickle as pk
7       with open('wave.pkl','wb') as f:
8           pk.dump({'time':da['time'].values,
```

```
9                   'lat':da['latitude'].values,
10                  'lon':da['longitude'].values,
11                  'gh':da['gh'].values},f)
```

第 6 行导入 Pickle 模块。可以注意到，此处在代码中间导入模块，其实模块在使用前导入即可，随用随导，不一定要在代码开始部分就导入。但是，建议读者在代码开始部分导入，使得模块直接成为全局变量，同时也使代码较为美观。第 7 行，打开“wave.pkl”文件，Pickle 文件一般以“.pkl”为后缀，方便辨识。因为是二进制数据，写的状态为“wb”。第 8 行，调用“pk.dump()”函数，它有 2 个常用参数，第一个参数为要写入的对象。此处写入一个字典，字典的键是主要数据名，键值则是转成 Ndarray 的数组，转换用“to_numpy()”函数也可以实现。第二个参数是要写入的文件“f”。

Pickle 数据的读取也非常简单。写入的是什么对象，读取的就是什么对象。

```
12    with open('wave.pkl','rb') as f:
13        dat = pk.load(f)
14    print(type(dat))
<class 'dict'>
```

第 12 行，用二进制方式打开“wave.pkl”文件，第 13 行利用“pk.load()”函数写入，它只有一个参数，就是文件。读出的“dat”就是我们写入的那个字典。感兴趣的读者可以试试还能写什么对象到 Pickle 里。

3.4　本章小结

数据读写是气象应用的基本功之一，不会读写数据，气象应用的计算和绘图都无从谈起。本章所介绍的内容几乎涵盖了所有气象常用的数据类型及其相关 Python 函数（表 3.1）。为了让读者免去下载数据的烦恼或数据链接的失效，作者提供了生成数据的代码，用其生成数据进行读写，先学写，再学读，在书中实现一个小闭环，自给自足。手边有相应格式数据的读者，掌握读写后建议用自己的数据再次进行读写操作，加强理解，做到举一反三、现学现用、活学活用。

表 3.1　本章涉及的函数 / 属性及其用途

函数 / 属性	用途
np.array()	建立 Numpy 的 Ndarray（多维数组）

续表

函数 / 属性	用途
np.shape()	查看多维数据的大小
df=pd.DataFrame()	建立 Pandas 的 DataFrame 结构的数据
pd.iloc[]	索引 DataFrame 结构的数据
df.values	将 DataFrame 数据转换成 Numpy 的 Ndarray
df.to_excel()	将 DataFrame 数据保存为 Excel 文件
df.to_csv()	将 DataFrame 数据保存为 csv 文件
pd.read_excel()	读取 Excel 文件
pd.read_csv()	读取 csv 文件
np.arange()	类似 range() 函数,可建立整数和浮点数等间隔序列
np.meshgrid()	将两个一维坐标序列分别变成二维坐标数组
np.cos()	余弦函数
np.sin()	正弦函数
np.pi	圆周率
da=xr.DataArray()	建立 Xarray 的 DataArray 结构数据
da.loc[]	索引 DataArray 结构中的数据
da.sel()	选择 DataArray 结构中的数据
da.attr[]	为 DataArray 结构数据提供属性信息
da.to_netcdf()	将 DataArray 结构数据保存为 NetCDF 数据
da.to_numpy()	将 DataArray 结构数据转换成 Numpy 的 Ndarray
da.values	
ds=xr.Dataset()	建立 Xarray 的 Dataset 结构数据
ds.to_netcdf()	将 Dataset 结构数据保存为 NetCDF 数据
f=open()	打开数据文件,包括文本、二进制
np.random.random()	建立 0~1 的随机数
f.write()	写入数据
f.readlines()	读出数据的所有行
f.read()	读出所有数据
f.readline()	逐行读出数据

续表

函数 / 属性	用途
csv.reader()	读出 csv 数据
cw=csv.writer()	写 csv 数据至文件
cw.writerow()	逐行写入 csv 数据
xr.open_dataset()	Xarray 的读数据函数
struct.pack()	对数值进行二进制编码
struct.unpack()	解码二进制数据
np.reshape()	数组变形
nc=netCDF4.Dataset()	打开 NetCDF 文件
nc.variables[]	读出 NetCDF 变量
netCDF4.num2date()	处理 NetCDF 时间
h5=h5py.File()	读写 HDF5 文件
h5.attrs[]	为 HDF5 变量加属性
h5.make_scale()	为 HDF5 变量加维度信息
eccodes	ECMWF 读写处理 Grib 数据的模块
pygrib.open()	打开 Grib 数据
pickle.dump()	写入 Pickle 文件
pickle.load()	读出 Pickle 文件

最后，在处理数据时不要被数据的后缀名欺骗。数据的编码方式决定了数据的格式，给数据一个合适的后缀名具有说明作用，例如，netCDF 格式以“.nc”结尾，Ascii 格式以“.txt”结尾，Grib 格式以“.grb”“.grib”“.grib2”等结尾，但是也有例外，如“.dat”，有人把它存成二进制文件，有人存成 Ascii 码，也有可能是其他类型的文件。有的数据甚至没有后缀，如 WRF 模式的输出结果“wrfout_d01_2020-05-01_00:00:00”，它是 netCDF 格式的。因此，在使用气象数据前务必详细阅读存储方式说明。

下面提供一些气象数据的下载网站，供大家练习使用。但是，如果您在看到本书时它们失效了，也请谅解。

国家气象科学数据中心：https://data.cma.cn/

NOAA 的 PSL：https://psl.noaa.gov/data/gridded/index.html

Climate Date Store: https://cds.climate.copernicus.eu/

第 4 章　Python 气象绘图

本章将介绍气象数据的可视化,即气象绘图。气象工作涉及大量的数据处理,图形显示对直观地了解数据中包含的信息至关重要。准确美观的图形能够协助用户方便快捷地找到数据中隐含的信息,也可以将成果更好地展示或出版。本章将使用第 3 章生成的"data.txt""wave.grib2.nc"等数据进行绘图。主要使用 Matplotlib 和 Cartopy 模块,安装命令如下,请读者提前做好准备。

```
> conda install -c conda-forge matplotlib cartopy
```

Matplotlib 是美国神经生物学家 John D. Hunter 开发的。他在读博期间,用 Python 下载和处理脑电图数据,Python 可以方便地从网上获取数据,处理起来也很方便,但是 Python 没有绘图模块,绘图需借助 Matlab。他认为这样很麻烦,于是模仿 Matlab 写了个 Python 的绘图函数(Matplotlib)。此后,Matplotlib 函数库在 Python 圈子流行起来,吸引更多的人参与开发,使其不断发展。英国 Met Office 开发的 Cartopy 函数库,就是用于配合 Matplotlib 绘制地理信息的。Hunter 的境遇与早期的气象工作者何其相似,数据处理和可视化需要用不同的软件和计算机语言分开完成,如 Fortran+GrADS。早期,想要干好气象工作,需要熟练掌握多门计算机语言。NCL 的出现使这种情况有所改观,但是 2019 年 NCL 停止更新(终版 6.6.2)转入 Python。

4.1　图形基本要素

首先,介绍 Matplotlib 模块的图形基本要素。本节通过逐一设置图形的各个要素渐进地介绍 Matplotlib 的图形结构,然后再用数据绘图。

```
import matplotlib.pyplot as plt

if __name__=='__main__':
```

```
4    fig = plt.figure(figsize=(11,8.5))
```

第 1 行，导入 Matplotlib 模块的“pyplot()”函数，通常将其缩写成“plt”。绘图前需要画布，它是一个作图的媒介，如果没有它就无从画起。当然，Matplotlib 的作者 Hunter 在创建函数库之初，希望用几个简单的函数就能画图，因此，不建立画布直接用“plt”的一些函数也可以画图，它会默认地帮用户建立画布。但是，这种方式不适合复杂绘图，一般用于快速查看数据和绘制草图。第 4 行，利用“plt.figure()”函数建立一个画布，此处使用到“figsize”参数，设置成 11 英寸 ×8.5 英寸（1 英寸 = 2.54 厘米），该数值可根据需要自行设定。

有了画布，就可以在上面进行各种各样的复杂操作，包括建立坐标系、写文本等。画布空间与“figsize”的设置无关，它的横向、纵向坐标取值均为 0~1，用于标定画布上的位置。因此，画布的左下角坐标为（0，0），右上角坐标为（1，1）。利用画布坐标作为参数的相关函数，参数的取值范围不能超出 0~1，如“fig.text()”函数。下面利用“fig.text()”函数在画布上写一段话。

```
5    fig.text(0.5,0.5,'This is a figure',fontsize=25)
6    fig.savefig('图形要素 .png',format='png',dpi=300)
```

（图略）

第 5 行，以画布的正中心为起点写一句话。“fig.text()”函数有很多参数，前 2 个参数表示字符串在画布上的横向坐标 x 和纵向坐标 y 的位置，它们的范围均是 0~1 的浮点数。第三个参数是一个字符串，表示在画布上显示的内容。“fontsize”是一个关键字参数，用于表示画布上显示的字符串大小，用户可根据需要自行设置。Matplotlib 默认的字体中没有中文，在没有加入中文字体时，它无法正常显示中文（后面我们将加入中文字体）。

第 6 行对图形进行保存。“fig.savefig()”函数的第一个参数是要保存的图形的文件名，“format”是一个关键字参数，可以保存成“png”“jpg”“eps”“pdf”等格式，基本满足各类气象图形的存储需求。“dpi”表示图形分辨率，dpi≥300 满足出版需要。“eps”格式的图形是矢量图，不需要设置“dpi”。除这些参数外，如果想裁掉图形的白边，可以再加上一个“bbox_inches='tight'”参数。

下面新写一个代码，让图形中的文本能正常显示中文。同时，也为画布添加一个坐标系。对于中文字体，在 Windows 的 Fonts 文件夹下有许多字体，此处以宋体为例。

```
import matplotlib.pyplot as plt
from matplotlib.font_manager import fontManager
fontManager.addfont(r'C:\Windows\Fonts\simsun.ttc')
```

```
4    simsun = fontManager.ttflist[-1].name
```

第 2 行，导入 Matplotlib 模块中“font_manager”的“fontManager()”函数，它是用于管理字体的函数。第 3 行，“fontManager.addfont()”函数用来加入字体，这个函数的参数是字体文件的路径，路径是一个字符串。可以注意到，字符串前加“r”是为了让转义符“\”失效。同时还需注意，虽然 Windows 不区分路径的大小写，但是 Python 的路径是区分大小写的。第 4 行，新导入的字体成为“fontManager()”函数附带的“ttflist”属性的最后一个元素。其中，“ttflist”类似于列表，它附带的“name”属性是导入字体的名称，第 4 行将其赋予“simsum”变量。读者注意到，这段代码并没有写在“`if __name__=='__main__':`”内，这是因为想让其作为一个全局变量，当其他程序调用该程序中的函数时，该变量依然正常使用。

```
5    if __name__=='__main__':
6        fig = plt.figure(figsize=(11,8.5))
7        fig.text(0.5,0.5,'这是一张画布',
8                 family=simsun,
9                 ha='center',va='center',rotation=-15,color='gray',
10                fontsize=120)
11       ax = fig.add_subplot(1,1,1)
```

第 6 行先建立画布。第 7 行，将需要显示成中文的字符串绘制于画布上，此时，需要“family”参数的配合，否则中文将无法正常显示。第 8 行将“family”设成了“simsun”。第 9 行，设置字符串的显示属性，包括水平和垂直对齐方式。“ha”为水平对齐方式，有“left”“center”和“right”3 个选项，分别表示左对齐、居中和右对齐，默认值为“left”；“va”表示垂直对齐方式，有“top”“center”和“bottom”3 个选项，默认值为“center”。“rotation”可以对字符串进行旋转（以“°”为单位），可以使用 -360~360 内的数值；此外，也可以用“vertical”和“horizontal”，默认值“horizontal”（0°）。“color”可以设置字体颜色，此处设置成了灰色，颜色值为字符串，可参考 Matplotlib 的网站（https://matplotlib.org/stable/gallery/color/named_colors.html）。除字符串外，也可以设置成 RGB 数值，如“color=[0,0,1]”表示蓝色。

第 11 行建立一个坐标系。利用“fig.add_subplot()”函数，前 2 个参数依次表示画布上有 1 行（第一个参数）1 列（第二个参数）个坐标系，而“ax”是第 1 个坐标系（第三个参数，需要注意这个参数是 Python 中为数不多从 1 而不是从 0 开始计数的），行和列的个数可自由设置。Matplotlib 模块还提供了很多建立画布的方法，本书不再介绍。图 4.1 给出了上段代码绘出的图形，需在 11 行下加上函数“plt.show()”用于显示图形。

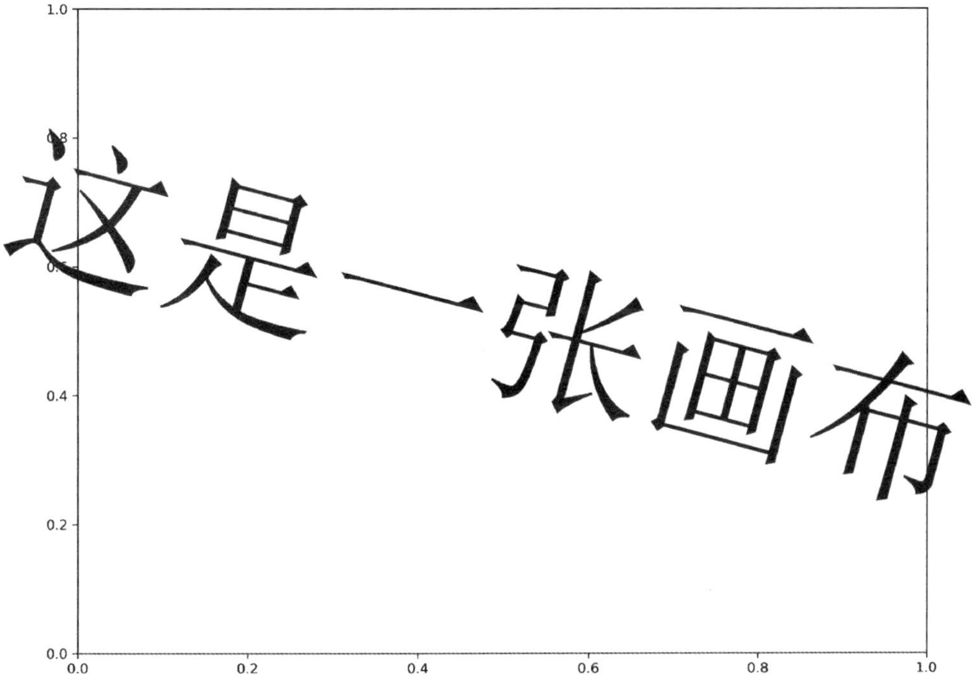

图 4.1　画布与坐标

（在一般的绘图中，图层之间应注意不遮挡数据信息，本书为了与程序设置对应，仅作示意展示）

```
12 x = list(range(-10,11))
13 y = [i**2 for i in x]
14 ax.plot(x,y,'-k')
15 ax.text(0,90,'这是一个坐标系 \n 里面有一个抛物线',
16         family=simsun,
17         ha='center',va='center',rotation=0,color='k',
18         fontsize=30)
```

第 12 行建立一个列表“x”。第 13 行，使 $y=x^2$ 构成一个抛物线，利用列表循环计算“x”的平方。

第 14 行，利用“ax.plot()”函数在坐标系内作图，画出抛物线（图 4.2），第一个参数是水平方向 x 的坐标；第二个参数是垂直方向 y 的坐标；第三个参数是一个字符串，表示线型和颜色，用于快速绘图，如“--r”“:b”“-g”等，前面的 1~2 个字符表示线型（“-”实线，“--”虚线，“:”点线），后面的字符以单个字母表示颜色，例如，“r”红、“g”绿、“b”蓝、“k”黑等。

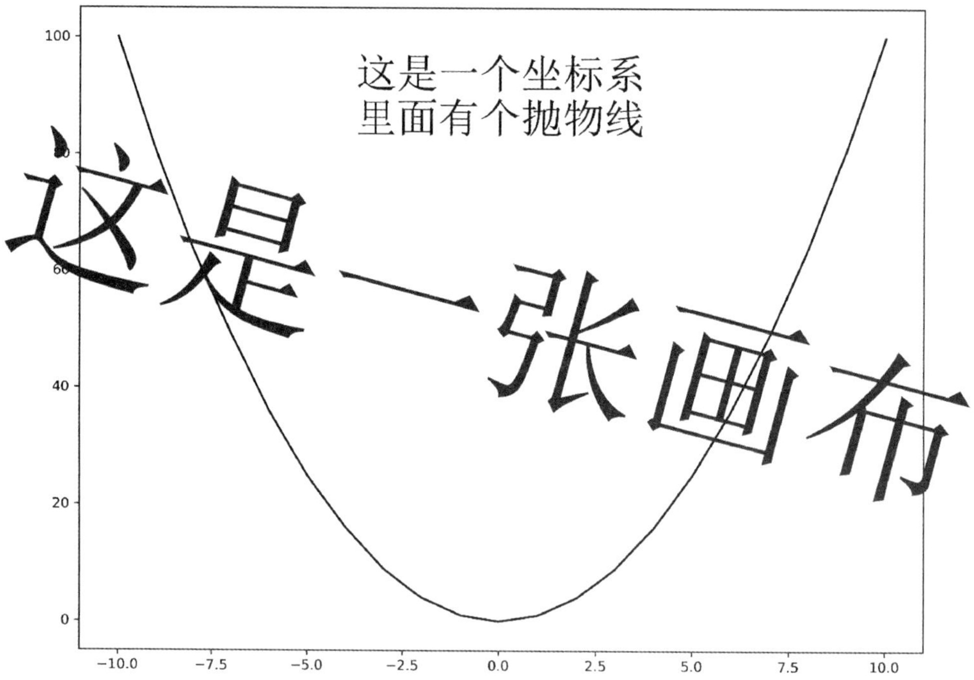

图 4.2　坐标系内做图

第 15~18 行，同样使用了“text()”函数，但是与同名的“fig.text()”函数不同，“ax.text()”是基于坐标系的。换言之，在第 15 行里，前两个参数是基于数据所在坐标系的 *x* 和 *y* 轴确定的，它随坐标系而变。总之，坐标系“ax”和画布“fig”是两个不同的体系，坐标系绘图以数据所在坐标系为参考，画布则以自带的 0~1 坐标体系为参考。

```
19    ax.set_xlim([-20,20])
20    ax.set_ylim([0,500])
```

第 19~20 行，分别使用“ax.set_xlim()”和“ax.set_ylim()”设置坐标系范围，使 *x* 轴在 −20~20、*y* 轴在 0~500。2 个函数的参数均为一个两元素的列表（或元组），第一个元素是坐标轴取值范围的起始值，第二个元素是终止值。此时可以注意到，“ax.text()”所写的字符串相对于画布的位置变了，而“fig.text()”写的字符串相对于画布还在原位（图 4.3）。

有了坐标系后，想画一张美观而信息丰富的图形，可以对坐标轴做一系列更复杂的操作。此处，导入 Numpy 模块以方便进一步的设置。

```
21    import numpy as np
```

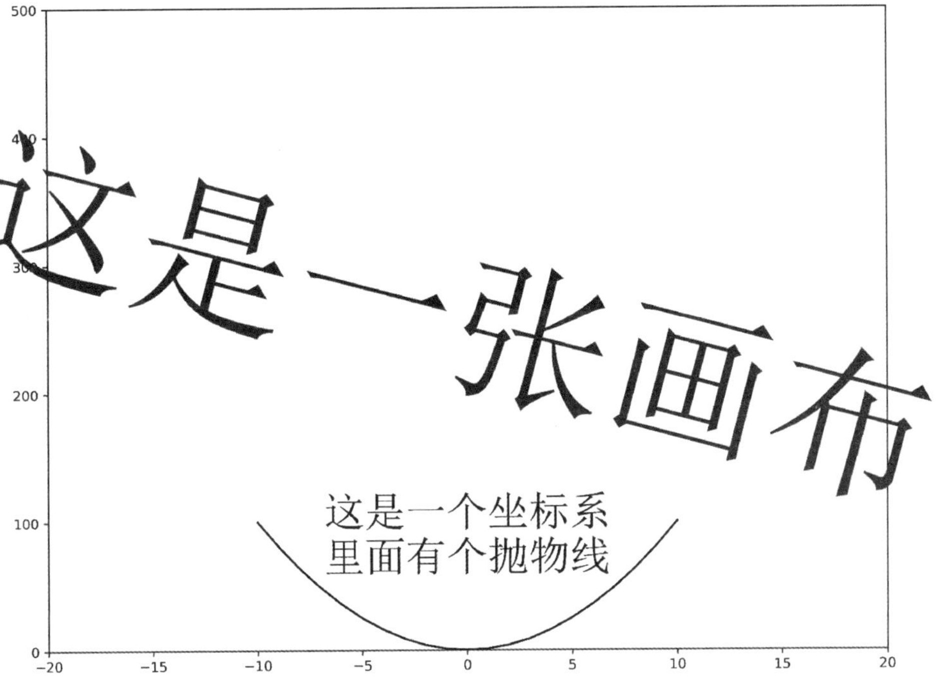

图 4.3　设置 x 和 y 坐标的范围

```
22      ax.set_xticks(np.arange(-20,21,4))
23      ax.set_yticks(np.arange(0,501,50))
24      ax.set_xlabel('这是 x 轴',family=simsun,fontsize=20,color='k')
25      ax.set_ylabel('这是 y 轴',family=simsun,fontsize=20,color='k')
```

第 22~23 行，利用“ax.set_xticks()”和“ax.set_yticks()”函数分别设置了 x 轴和 y 轴上将要显示的刻度值。x 轴的刻度每隔 4 显示一个值，y 轴刻度的间隔为 50（图 4.4）。第 24~25 行，分别利用“ax.set_xlabel()”和“ax.set_ylabel()”函数为坐标轴设置了名称，这两个函数的用法与“text()”函数的用法相似，只是不需要提供 x 和 y 的位置。需要注意的是，它们是属于坐标系的函数，而不是画布的。

如果要进一步改进坐标轴刻度，可以用“ax.set_tickparams()”“ax.set_xticklabels()”和“ax.set_yticklabels()”3 个函数。

```
26      ax.tick_params(axis='x',labelsize=20,
27                     labelbottom=False,labeltop=True,
28                     bottom=False,top=True)
```

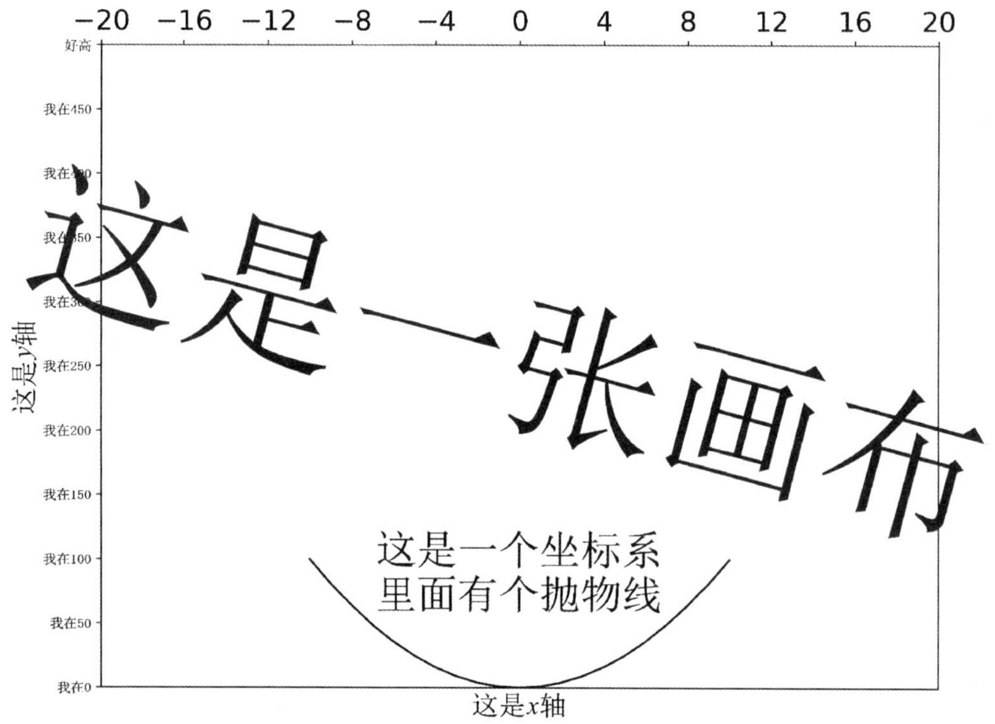

图 4.4　关于坐标轴的高级设置

```
29      ax.set_yticklabels(
30          ['我在'+str(i) for i in np.arange(0,500,50)]+['好高'],
31          family=simsun)
```

第 26~28 行,对 x 轴进行了上移的操作,同时将坐标值的字体变大。此处用到了 “ax.tick_params()” 函数,其中 “axis” 参数有 3 个值可选,“x”“y” 和 “both” 分别表示对 x 轴、y 轴和 x、y 轴同时进行设置;“labelsize” 的用法与 “fontsize” 相似。第 27 行,“labelbottom” 和 “labeltop” 分别表示坐标系下方和上方坐标刻度值的显示 / 隐藏设置,这两个关键字参数值是布尔值,下的默认值为 “True”,上为 “False”。第 28 行,“bottom” 和 “top” 表示是否显示刻度线,同样下的默认值为 “True”,上为 “False” (图 4.4)。对于 y 轴有 “labelleft”“labelright”“left” 和 “right” 4 个关键字参数,但是需将 “axis” 设成 “y” 或 “both” 时才生效。此外,“labelrotation” 参数与 “text()” 函数的 “rotation” 参数用法一致。

对于坐标刻度值,可以依据刻度的个数将其设成相应个数的字符串,比如第 29~31 行利用 “ax.set_yticklabels()” 函数将每个刻度都设成了字符串。第 30 行,第一个参数是与刻度值个数相对应的字符串列表(或元组),该函数其余的一些参数与 “text()” 函数的参数用法一致。

Matplotlib 还可以进行公式字符串的显示(图 4.5)。

```
32  ax.text(0,450,
33      "It's not "+r'$fu=-\rho \frac{\partial p}{\partial y}$',
34      fontsize=15)
35  ax.text(0,400,"It's "+r'$y_{i}=x_{i}^{2}$',fontsize=15)
```

第 32~34 行,用“text()”函数写了一个公式,它的写法是“r'$...$'”,省略部分为公式内容。第 35 行中“^”和“_”分别表示上标和下标,用花括号表示上标和下标控制的范围。此处需要用到 Latex 的公式编辑方法,感兴趣的读者可以阅读(https://www.overleaf.com/learn/latex/Display_style_in_math_mode),此处不详细介绍。读者不妨在坐标轴的标签上试着写上公式。

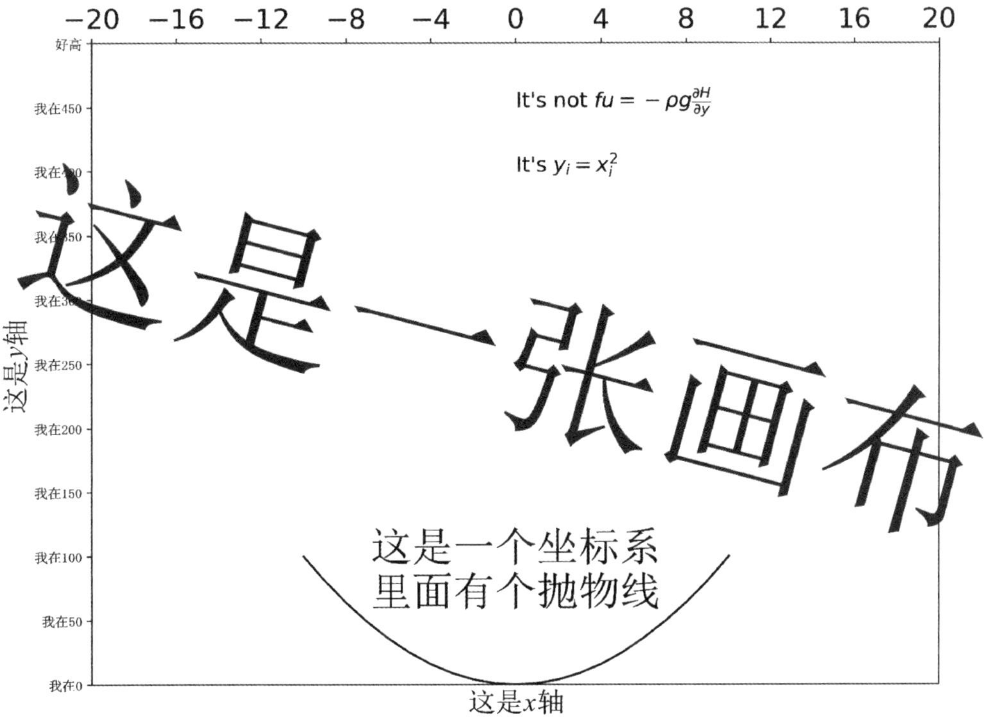

图 4.5　公式的显示

最后,可以给图形加上一个标题(图 4.6)。

```
ax.set_title('抛物线',family=simsun,fontsize=20)
```

```
37      plt.show()
```

第 36 行，使用“ax.set_title()”函数为图形添加标题，它与“ax.set_xlabel()”和“ax.set_ylabel()”函数的用法一致。第 37 行，利用“plt.show()”函数显示图形。需要注意的是，如果要保存图形，该函数必须在“fig.savefig()”函数之后。换言之，将“fig.savefig()”函数写在第 36 行和第 37 行之间。

图形的要素，包括画布和坐标系，坐标系有坐标轴、刻度、坐标轴标签以及坐标系标题、字符串等。当然，最重要的是数据的图形表达，例如，本书中抛物线的折线图。除了折线图，也可使用等值线、填色图、矢量图、饼状图、柱状图等各种图形表达数据。绘图时提供必要的图形要素，首先为数据的图形表达提供参考，其次能让图形信息更加丰富。表 4.1 汇总了图形要素中常用的函数。

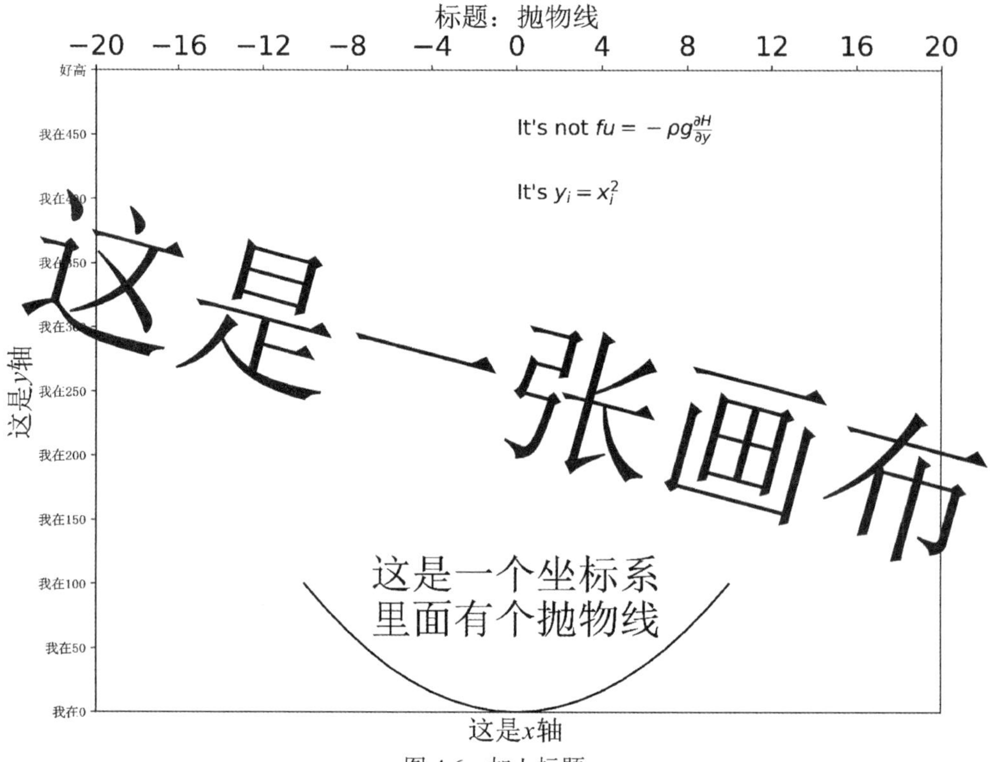

图 4.6　加上标题

表 4.1　设置图形要素涉及的常用函数

函数名	用途
fig=plt.figure()	建立画布 fig

续表

函数名	用途
fig.text()	在 fig 定义的画布上显示字符串
ax=fig.add_subplot()	在画布上建立一个坐标系 ax
ax.plot(),ax.pcolor(),ax.contour() 等	在 ax 定义的坐标系内画图,即由 ax 附带函数在坐标系内画图
ax.text()	在 ax 定义的坐标系里显示字符串
ax.set_xlim(),ax.set_ylim()	设置坐标系的范围
ax.set_xticks(),ax.set_yticks()	设置坐标轴的刻度及刻度值
ax.set_xticklabels(),ax.set_yticklabels()	将坐标轴刻度值改成自拟字符串
ax.set_title()	设置标题
ax.set_xlabel(),ax.set_ylabel()	为坐标轴设置标签
ax.tick_params()	坐标刻度的高级设置
fig.savefig()	保存画布及所绘的图
plt.show()	在完成画图和保存完图形时使用该函数显示图形

4.2　一维图形

(1)折线图

折线图是 Matplotlib 能绘制的最基本图形之一,前面利用“ax.plot()”函数绘制了一个抛物线。如果想让线条更美观,需要对该函数的各种参数进行设置。下段代码使用了第 3 章得到的“data.txt”数据,即图 3.3 所绘制的数据。

```
import matplotlib.pyplot as plt
import numpy as np

if __name__=='__main__':
    with open('data.txt') as f:
        time = []
        dat = []
        for x in f.readlines():
            x = x.split()
```

```
10            time.append(x[0])
11            dat.append([float(y) for y in x[1:]])
12    time = np.array(time,dtype='datetime64')
13    dat = np.array(dat)
```

第 1~2 行，导入画图和处理数据的模块；第 5~13 行，读入数据，将 time 变成了 Numpy 的 “datetime64” 格式，数据变成 Ndarray（第 12~13 行）。后面对于已经介绍过的各类方法和函数一带而过，如读者有遗忘，请返回相应章节进行复习。

```
14    fig = plt.figure(figsize=(11,8.5))
15    ax = fig.add_subplot(3,1,1)
16    ax.plot(time,dat,'-k')
17    ax.text(time[0],5.5,'(a)',fontsize=15)
```

然后，建立画布和坐标系（第 14~15 行）。第 17 行，在图中写上 “(a)” 图标，由于图形的 x 坐标轴是 “datetime64” 格式的，设置 x 的位置时也需提供 “datetime64” 格式的坐标。第 16 行，将 3 个数据同时绘制到了一张图上，此处 “dat” 数组是一个二维数据，第一维表示时间变化，第二维表示 3 个不同的变量。一般地，草图这样绘制可以快速地对数据进行预览（图 4.7）。

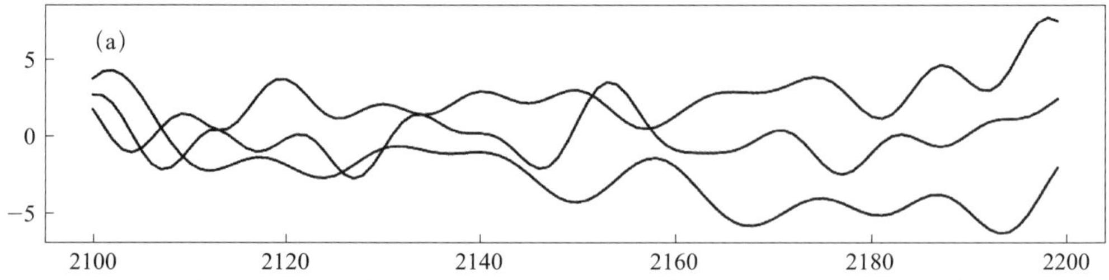

图 4.7　快速绘制的折线图（此处将颜色设置成黑色，如不设置则为默认的色彩）

若想让图形更加美观，最好一次仅画一条折线，并对参数进行细致的设置和调整。一般地，可以将参数值设成列表，然后对数据进行循环绘图。继续前面的代码，第 18~20 行将宋体字体导入（读者可尝试其他字体）。第 21 行，建立一个新的坐标系，注意到 “fig.add_subplot()” 函数的第三个参数为 2。第 22~25 行，为画图定义了 4 个列表用于存放 4 个参数，包括线型、颜色、符号以及各条线的标签等。如不设置这些参数，“ax.plot()” 函数会使用默认值。

```
18    from matplotlib.font_manager import fontManager
19    fontManager.addfont(r'C:\Windows\Fonts\simsun.ttc')
```

```
20    simsun = fontManager.ttflist[-1].name
21    ax = fig.add_subplot(3,1,2)
22    linestyle = ['-','--',':']
23    color = ['k','gray','lightgrey']
24    marker = ['*','^','o']
25    labels = ['上升','下降','无趋势']
26    L = []
27    for i,y in enumerate(dat.T):
28        tmpl, = ax.plot(time,y,
29                linestyle=linestyle[i],color=color[i],linewidth=2,
30                marker=marker[i],markersize=8,
31                markeredgecolor=color[i],markerfacecolor='none',
32                markeredgewidth=0.5,markevery=5,
33                label=labels[i])
34        L.append(tmpl)
35    ax.text(time[0],5.5,'(b)',fontsize=15)
36    ax.legend(handles=L,loc='lower left',
37              prop={'family':simsun,'size':10},ncol=3,
38              frameon=False)
```

第 26~33 行开始绘图。第 26 行，建立一个空列表，利用列表的“append()”函数存储每条折线的句柄(第 34 行)，后期用于绘制图例(第 36~38 行)。第 27 行，用变量“y”遍历“dat”的 3 列数据。因为 for 循环是逐行遍历，所以需要利用 Ndarray 的“.T”属性对“dat”进行转置处理。遍历的同时，用到“enumerate()”函数对数据计数，方便索引参数列表。

第 28 行，输入“ax.plot()”的前 2 个参数 x 和 y 的数值。第 29 行，设置与线条有关的参数，包括线型“linestyle”(可以是空字符，表示不画线)、颜色“color”、线宽“linewidth”(默认值为 1)。

第 30~32 行，设置与折线符号有关的参数，包括符号类型“marker”(默认为空字符，表示无符号)、符号大小“markersize”、符号边框颜色“markeredgecolor”、符号内填色“markerfacecolor”和符号边线宽“markeredgewidth”。控制 marker 的参数还有“markevery”(默认为 1)，表示每隔几个数据画一个符号。

第 33 行为每条线设置一个标签“label”(默认为空字符)。当线条和标签设好后，第 28 行将句柄存入“tmpl”变量，这里“tmpl”后跟了一个逗号，因为“ax.plot()”返回多个值，此处仅需第一个返回值，逗号后的值不赋给任何变量，或理解为赋予空标识符。

第 34 行，将句柄存入列表“L”。从循环的结果可以看出，使用同一个坐标系画多个图形时它们依次叠加在一起(图 4.8)。

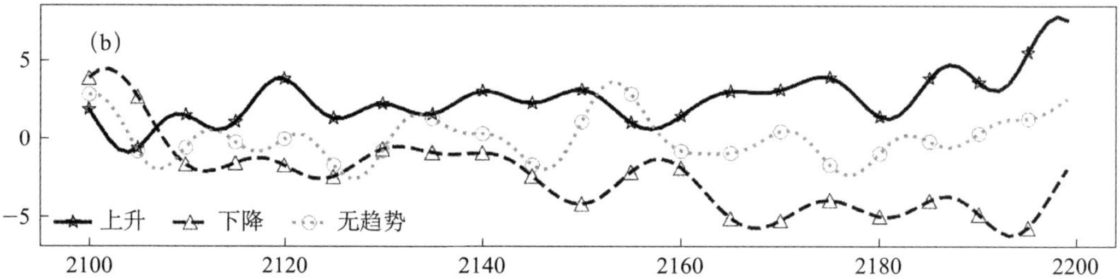

图 4.8　绘制相对美观的折线图需要更多的设置(需要注意,生成“data.txt”涉及 2 个随机数,除趋势外,读者生成的数据与本图会有些差别)

第 35 行为图打上序号;第 36~38 行,使用“ax.legend()”函数设置图例。第一个参数为句柄“handles”,设为前面保存的列表“L”;第二个参数“loc”有多个选项(第 36 行),分别是“upper”“lower”“center”与“left”“right”“center”等单词组成的短语,比如“lower left”是图 4.8 的选择(注意单词间有空格);“prop”用字典作为输入参数(第 37 行),用来设置图例的字体,其参数与“ax.text()”函数的参数相似,此处使用“family”和“size”;“ncol”表示图例绘制几列(默认为 1 列),为了不让图例遮住折线,此处设成 3 列;最后,“frameon”设成“False”,表示不绘制图例的外框(第 38 行),如绘制外框,则设该参数为“True”。进一步,设置透明度“framealpha”(以 0~1 的数值表示)以及“edgecolor”和“facecolor”等,后两者分别用来设置底框的线条颜色和填色。请读者自行设置这几个参数改变图例的显示,图例的显示以不要遮挡折线和不与线条混淆为佳。

对于线型“linestyle”,有“-”实线、“--”虚线、“-.”点虚线、“:”点线和空字符串(不画线)几种选项。此外,还可以使用“dashes”参数自定义虚线,它的值是一个整数列表或元组,数值表示实点的个数和空格数,比如“[3,5]”表示 3 个点、5 个空,然后依次循环;如果是“[3,5,3]”则为 3 个点、5 个空、3 个点依次循环。

接上面代码,将“dat[:,0]”画成几种不同的线型。为了方便区分不同的线型,下面的代码将“dat[:,0]”加减不同的整数。

```
39      ax = fig.add_subplot(3,1,3)
40      linestyle = ['-','--','-.',':']
41      linename = ['实线','虚线','点虚线','点线']
42      L = []
43      for i in range(4):
44          tmpl, = ax.plot(time,dat[:,0]+i,label=linename[i],
45                  color='k',linestyle=linestyle[i])
```

```
46        L.append(tmpl)
47    dashes = [(3,5),(3,5,3),(1,5,1,5)]
48    for i in range(4,7):
49        tmpl, = ax.plot(time,dat[:,0]+i,
50                    label='('+','.join([str(x)
51                                 for x in dashes[i-4]])+')',
52                     color='k',dashes=dashes[i-4])
53        L.append(tmpl)
54    ax.legend(handles=L,loc='upper center',
55                  prop={'family':simsun,'size':10},ncol=4,
56                  frameon=True,edgecolor='k',framealpha=1)
57    ax.text(time[0],12,'(c)',fontsize=15)
```

第 39 行建立第三个坐标系。第 40 行，定义列表存储“linestyle”的 4 个不同参数。第 41 行，存储图例中各线条的名称。第 42 行，建立空列表存放各线条的句柄。第 43~45 行，绘制 4 种不同线型的折线。第 46 行存储句柄。

第 47 行，列出 3 种自定义的虚线型。第 48~53 行，画出自定义的 3 种线型，并保存句柄。第 50~51 行，用第 2 章学习过的知识将线型变成字符串。第 52 行使用“dashes”参数。第 54~56 行设置图例。此处将图例的边框绘出并设置成不透明边框“framealpha=1”，第 57 行为该图形打上序号(图 4.9)。

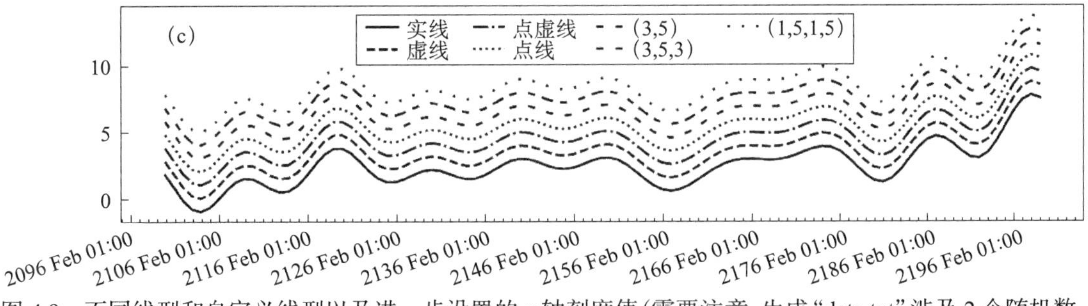

图 4.9　不同线型和自定义线型以及进一步设置的 x 轴刻度值(需要注意，生成“data.txt”涉及 2 个随机数，除了趋势外，读者生成的数据会与本图略有差别)

如果绘制一个较“粗糙”的时间刻度，到第 57 行代码就可以结束了。但是，如果想进一步优化时间轴，对于 x 坐标轴的刻度可以有进一步的设置。需要添加几行代码，定义 x 轴刻度值的间隔、刻度格式、旋转和位置。利用“ax.xaxis”的附带函数“set_major_locator()”和“set_major_formatter()”分别对坐标轴的主刻度间隔和格式进行设置。对副刻度可使用“set_minor_ locator()”和“set_minor_formatter()”进行类似的设置。一般很少为副刻度标值,因此,不使用“set_minor_formatter()”函数。由于时间是 Numpy 的“datetime64”类型,时间刻度及其格式需要利用“matplotlib.dates()”函数进行定义。

```
58 import matplotlib.dates as mdates
59 ax.xaxis.set_major_locator(
60     mdates.MonthLocator(interval=12*10))
61 ax.xaxis.set_major_formatter(
62     mdates.DateFormatter('%Y %b %d:%H'))
63 ax.xaxis.set_minor_locator(
64     mdates.MonthLocator(interval=12))
65 ax.tick_params(axis='x',labelrotation=15)
66 plt.setp(ax.get_xticklabels(),ha='right',va='top')
```

第 58 行导入“matplotlib.dates”。第 59~60 行,利用“ax.xaxis.set_major_locator()”函数设置刻度,其输入参数为“mdates”提供的刻度函数(表 4.2),此处用到“MonthLocator()”函数,它常用的输入参数已在表 4.2 中给出,通过设置“base”或“interval”参数可以设置刻度的间隔,“YearLocator()”函数的“base”参数与其他函数的“interval”参数一致。第 61~62 行,利用“ax.xaxis.set_major_formatter()”函数设置刻度值的字符串,表 4.2 给出了字符串的格式,该字符串可以是表 4.2 给出的字符的组合,并且可以为时间字符串间加上各种字符作为间隔,如“%Y/%m/%d:%H”。第 63~64 行,利用“ax.xaxis.set_minor_locator()”函数设置副刻度,它的输入参数也为刻度函数。同理,利用“ax.yaxis”附带的函数也可以为 y 轴设置时间坐标(若 y 轴为时间)。

第 65~66 行,利用“ax.tick_params()”函数对刻度值进行设置。由于该函数没有对字符串的进一步设置,需调用“plt.setp()”函数(第 66 行)设置刻度值字符串位置,第一个参数为“ax.get_xticklabels()”,相当于得到刻度值字符串的句柄,然后“ha”和“va”参数与“ax.text()”中的参数相似。图 4.9 的 x 轴给出了设置时间坐标的结果,建议读者对不同参数进行调整,看看有什么不同的表现。

其实,不使用“mdates”,通过“ax.set_xticks()”和“ax.set_xticklabels()”结合运用字符串也可以达到相同的效果,请读者自行尝试。

表 4.2　“DateFormatter()”函数的字符串以及刻度线的设置函数

设置时间刻度函数	时间格式字符串(DateFormatter)
YearLocator(base=1)	'%Y',4 位年;'%y',2 位年

续表

设置时间刻度函数	时间格式字符串（DateFormatter）
MonthLocator(interval=1)	'%m'，2 位月；'%b'、'%B'，月名称
DayLocator(interval=1)	'%d'，2 位日
HourLocator(interval=1)	'%H'，2 位小时
MinuteLocator(interval=1)	'%M'，2 位分
SecondLocator(interval=1)	'%S'，2 位秒
WeekdayLocator(interval=1)	'%A'、'%a'，星期几名称

```
67      fig.savefig('lines.png', format='png', dpi=300)
68      plt.show()
```

最后，读者别忘了使用“fig.savefig()”和“plt.show()”保存和显示图形（第 67~68 行），为节省篇幅，本书后面的代码将这两行省去。

对于折线图的绘制和图例的设置，Matplotlib 还有其他多种方式，本书不再介绍。通过进一步设置前面介绍的各类要素参数，熟练掌握配置参数的方法，不断尝试调整，可以画出清晰美观的图形。“marker”的参数选项将在下面的散点图内进行详细介绍。

（2）散点图

散点图一般用来展示两个变量之间的关系，可以用“ax.plot()”函数配合设置其各个参数进行绘制（如将线型设成空字符串），也可使用“ax.scatter()”函数绘制（图 4.10）。此处，继续使用数据“data.txt”。

```
import matplotlib.pyplot as plt
import numpy as np

if __name__=='__main__':
    with open('data.txt') as f:
        time = []
        dat = []
        for x in f.readlines():
            x = x.split()
            time.append(x[0])
            dat.append([float(y) for y in x[1:]])
```

```
12 dat = np.array(dat)
```

第 1~12 行与前面相似,导入模块,读入数据。下面绘制散点图,呈现三组数据间的关系,同样先建立画布和坐标系(第 13~14 行)。

```
13 fig = plt.figure(figsize=(11,8.5))
14 ax = fig.add_subplot(2,2,1)
15 ax.scatter(dat[:,0],dat[:,1],40,
16            color='k',marker='.')
17 ax.scatter(dat[:,0],dat[:,2],30,
18            marker='s',
19            facecolor='none',edgecolor='k',
20            linewidth=0.5)
```

第 15~20 行,在同一个坐标系里绘制了 2 组散点图,第一组是图 4.8 中“上升”和“下降”数据间的关系,打黑点;第二组是图 4.8 中“上升”与“无趋势”数据间的关系,为空心方框。第 15 行和第 17 行,“ax.scatter()”函数的前两个参数分别表示 x 和 y 轴对应的数值;第三个参数表示散点符号的大小;第 16 行,设置“color”表示散点边线和符号的填充颜色,若设置“facecolor”和“edgecolor”后,则“color”失效(第 19 行)。第 16 行和第 18 行还分别设置了符号的类型。图例的画法与折线图一致,不再重复介绍。同样,如果想得到清晰美观的图形,还需要进一步对各图形要素进行设置。

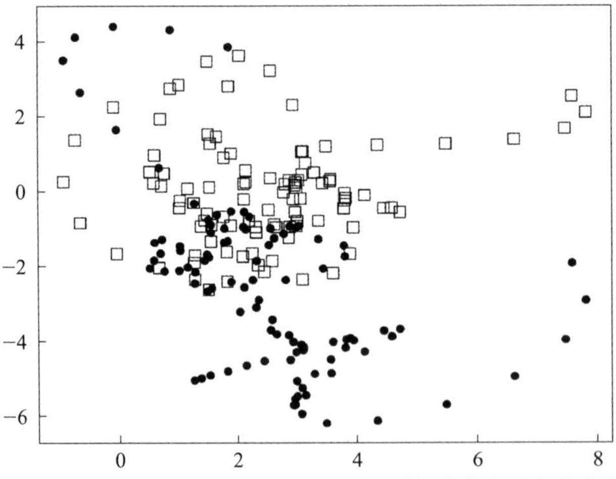

图 4.10　散点图(需要注意,生成“data.txt”涉及 2 个随机数,读者生成的数据与本图会有些差别)

绘制散点图时需要注意，当 2 个值表示相同变量时，比如观测和模拟，一般绘制原始场，以考察观测与模拟是否一致。但是，当考察 2 个变量之间联系时，一般对数据进行中心化或标准化处理，使得图形上 $y=x$ 处两者关系为 1。中心化和标准化处理方法将在第 5 章介绍。

Matplotlib 为“marker”参数提供了多个选项。

```
1   import matplotlib.pyplot as plt
2   from matplotlib.font_manager import fontManager
3   from matplotlib.markers import MarkerStyle
4   import numpy as np
5   fontManager.addfont(r'C:\Windows\Fonts\simsun.ttc')
6   simsun = fontManager.ttflist[-1].name
```

第 1~6 行，导入模块和中文字体，其中第 3 行导入符号函数。需使用符号函数在代码中对符号是否为实心进行判断，该函数的其他功能不进行介绍。

```
7   if __name__=='__main__':
8       markers = {
9           # ' ': '无符号', 'none': '无符号',
10          #  '': '无符号', 'None': '无符号',
11          '.': '点',        'o': '圆',
12          '+': '加号',      'P': '加号',
13          '1': '三叉下',    '2': '三叉上',
14          '3': '三叉左',    '4': '三叉右',
15          '^': '三角上',    '<': '三角左',
16          '>': '三角右',    'v': '三角下',
17          ',': '方像素',    's': '方形',
18          'x': '叉号',      'X': '叉号',
19          'D': '菱形',      'd': '瘦菱形',
20          '*': '五角星',    'p': '五边形',
21          'h': '六边形1',   'H': '六边形2',
22          '8': '八边形',    '_': '横线',
23          '|': '竖线',       0: '左标',
24            1: '右标',       2: '上标',
25            3: '下标',       4: '左补字符',
```

```
26              5: '右补字符',     6: '上补字符',
27              7: '下补字符',     8: '靠左补字符',
28              9: '靠右补字符', 10: '靠上补字符',
29              11: '靠下补字符'}
```

第 8~29 行，建立了以“marker”选项为“键”的字典，每个键的键值是字符的名称。其中，无符号有 4 种表达方式，包括空字符串、空格、“none”和“None”。代码中已将其注释。

```
30    N = len(markers.keys())
31    x, y = tuple(map(np.arange,[N//5+1,5]))
32    x0, y0 = np.meshgrid(x,y[::-1])
33    x, y = x0.flatten(),y0.flatten()
```

第 30~33 行，设置每个字符的坐标位置，拟绘制 5 行。第 30 行，确定符号字典的长度。第 31 行，利用“map()”函数和 Numpy 模块的“arange()”函数，建立 0~7 的整数序列和 0~4 的整数序列，分别赋予“x”变量和赋予“y”变量。在赋值过程中，使用“map()”函数让“N//5+1”（表示值为 8）和“5”依次作为“np.arrange()”函数的参数，然后利用“tuple()”函数将“map()”的返回值变成元组。当然，也可将此步分解完成。

第 32 行，利用 Numpy 模块的“meshgrid()”函数建立 5 × 8 网格，分别以整数值 0~4 和 0~7 为坐标，其中“N//5+1=8”。第 33 行，利用 Numpy 模块的 Ndarray 附带函数“flatten()”将二维数组变成一维序列，方便坐标位置与符号字典对应。

注意在第 32 行中，将“y”变量进行了倒序处理，请思考这么做有什么好处？

```
34    fig = plt.figure(figsize=(11,8.5))
35    ax = fig.add_subplot(1,1,1)
```

第 34~35 行，建立画布和坐标系。

```
36    for i,marker in enumerate(markers.keys()):
37        fill = MarkerStyle(marker).is_filled()
38        if fill:
39            ax.scatter(x[i],y[i],300,marker=marker,
40                       facecolor='lightgrey',edgecolor='k',
41                       linewidth=1)
```

```
42             label = markers[marker]+'(实心)'
43         else:
44             ax.scatter(x[i],y[i],300,marker=marker,
45                     color='k')
46             label = markers[marker]
```

第 36 行，利用 for 循环遍历字典“markers”的键，同时用“enumerate()”函数进行计数，每次循环分别将计数赋予“i”变量，“markers”的键赋予“marker”变量。第 37 行，利用“MarkerStyle().is_fill()”函数判断符号是否为实心，其中“MarkerStyle()”的输入参数是符号的字符串，“is_fill()”返回布尔值。绘图时，对于实心符号可以设置“facecolor”“edgecolor”和“linewidth”。非实心符号只能设置“color”。第 38~46 行，利用第 37 行的返回值，将实心符号和空心符号进行有区别的操作，并利用“label”变量记录符号的名称和是否实心。

```
47         ax.text(x[i],y[i]-0.3,label,
48                 ha='center',family=simsun,fontsize=8)
```

第 47~48 行，代码在相应符号的下方给出符号的名称。

```
49         if type(marker)==str:
50             marker = "'"+marker+"'"
51         else:
52             marker = str(marker)
53         ax.text(x[i],y[i]-0.5,marker,
54                 ha='center',fontsize=12)
```

第 49~54 行，在符号名称的下方给出符号的参数字符串。需要注意，最后 12 个符号的参数是整数，它与数字的字符串并不是相同符号。第 49 行，判断符号参数是否为字符串。此处用到内置函数“type()”，返回变量类型，逻辑关系式判断它是否是“str”类型（“str”在不加括号时表示字符串类型），对“list”“tuple”“dict”“set”均有相同功能。如果是字符串，在图形输出时加上单引号，注意此处使用双引号定义含有单引号的字符串；如不是字符串，将数字输出（第 52 行），Matplotlib 的文本图形输出参数是字符串，因此，需将数字变成字符串。

```
55     ax.set_xlim([-1,N//5+1])
56     ax.set_ylim([-1,5])
```

```
57    plt.axis('off')
```

第 55~56 行，为使图形较为美观，将 x 轴和 y 轴的范围进行设置。因为坐标刻度在这些图中不重要，所以第 57 行设置了不画坐标轴，使用到了“plt.axis()”函数，它的输入参数是“off”和“on”。绘出符号见图 4.11。

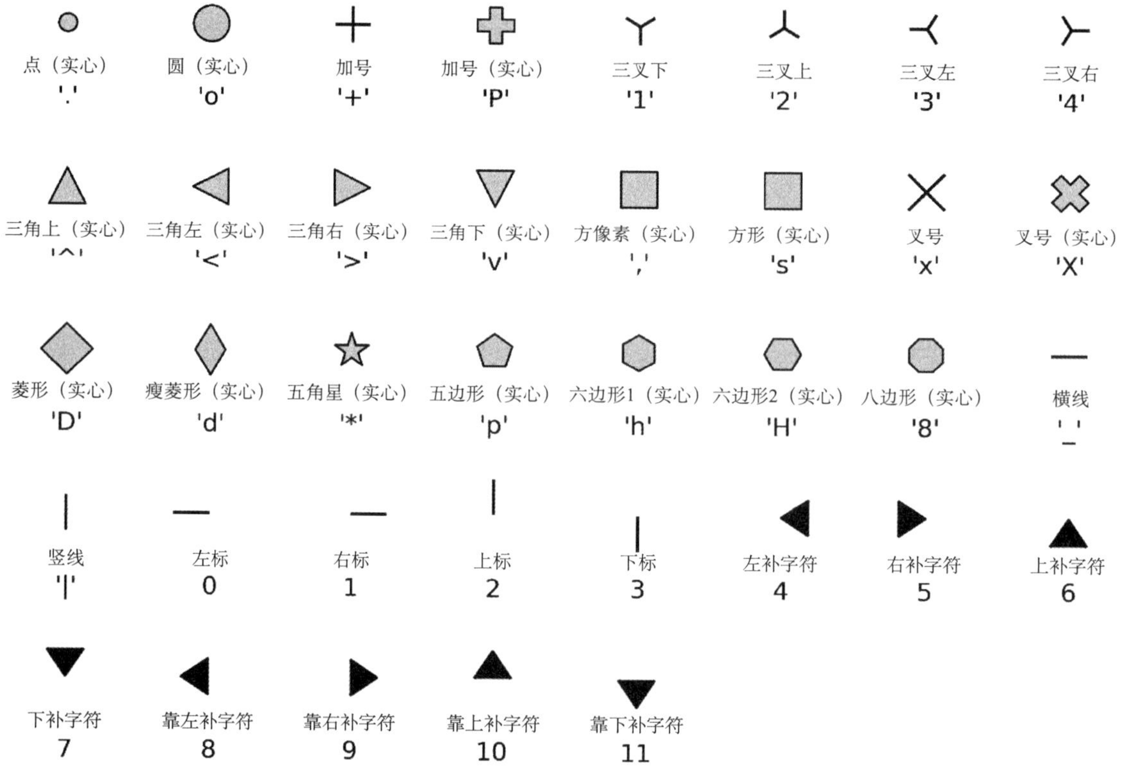

图 4.11　marker 的选项(图中实心符号以灰色为底，黑色为框；非实心符号为全黑)

(3)柱状图

柱状图也是常用的数据图形表达方式，方便数据间的比较，在 Matplotlib 模块中使用“ax.bar()”函数绘制。下段代码对“data.txt”前 5 个时次的数据进行比较(图 4.12)。

```
import matplotlib.pyplot as plt
import numpy as np
from matplotlib.font_manager import fontManager
fontManager.addfont(r'C:\Windows\Fonts\simsun.ttc')
```

```
5   simsun = fontManager.ttflist[-1].name
6
7   if __name__=='__main__':
8       with open('data.txt') as f:
9           time = []
10          dat = []
11          for x in f.readlines():
12              x = x.split()
13              time.append(x[0])
14              dat.append([float(y) for y in x[1:]])
15      dat = np.array(dat)
16
17      fig = plt.figure(figsize=(11,8.5))
18      ax = fig.add_subplot(2,2,1)
```

第 1~18 行，导入模块，读入数据，与折线图中的代码相同。

```
19      x = np.arange(5)
20      hach = ['/','','\\\\']
21      color = ['none','lightgrey','none']
22      for i in range(3):
23          ax.bar(x+i*0.2-0.3,dat[:5,i],0.2,
24                 facecolor=color[i],edgecolor='k',linewidth=1,
25                 hatch=hach[i])
26      ax.legend(['Dat1','Dat2','Dat3'],loc='lower left',ncol=3)
```

第 19~26 行绘制柱状图。第 19 行，定义柱状图的 x 坐标；第 20~21 行，定义柱状图的线条和颜色填充的参数列表。

第 22~25 行，对应 3 个数据 for 循环 3 次。第 23 行，“ax.bar()”函数的前 3 个参数分别为 x 和 y 的坐标，以及柱条在 x 轴上的宽度。每次循环时，将第一个数据（图 4.8 中的上升折线）的柱条绘制在 x 轴的“x−0.3”处，然后依次加 0.2（“i*0.2”）。x 轴的刻度是 0~4，y 轴的数值为每次调用的“dat”变量的前 5 个时次的第“i”列数据大小。第三个参数，将柱宽设置成“0.2”。第 24 行，分别设置柱条颜色、边框颜色和线宽。

第 25 行，使用“hatch”参数设置线形填充。注意，第 20 行线形的第三个参数值用了 4 个反斜杠，反斜杠在字符串中具有转义作用（两个反斜杠代表一个），因此，4 个反斜杠在图上也仅呈现 2 个的效果。此外，填充还可以使用各类符号的组合。感兴趣的读者可以自行尝试，但需要注意个别符号无法使用。

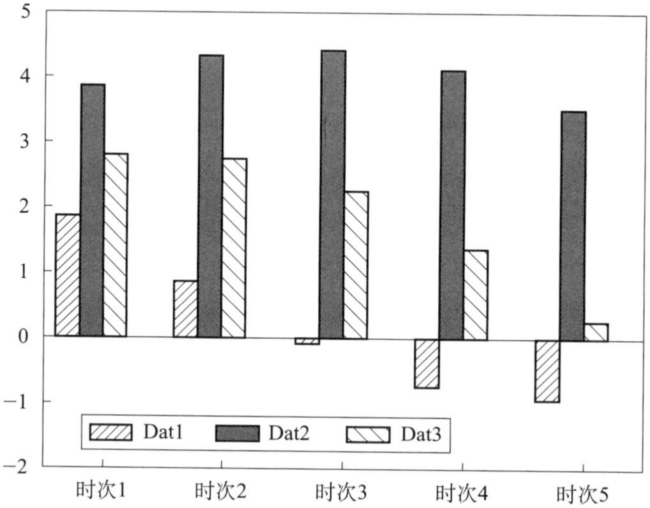

图 4.12　柱状图（需要注意，生成“data.txt”涉及 2 个随机数，读者生成的数据与本图可能会有些差别）

第 23~25 行，并未设置“label”参数，在图形不复杂的情况下，可以使用 Matplotlib 自动生成图例。此时，仅需要提供每个图形的标签字符串即可（第 26 行），其他设置与前面介绍的折线图相同。

```
27      ax.plot([-1,5],[0,0],
28              color='k',linestyle='--',linewidth=0.5)
29      ax.set_xlim([-0.5,4.5])
30      ax.set_ylim([-2,5])
31      ax.set_xticks(x)
32      ax.set_xticklabels(['时次'+str(i+1) for i in x],family=simsun)
```

为了进一步使图形美观，第 27~28 行将 y=0 绘出；第 29~32 行，对坐标轴进行设置（图 4.12）。读者还可以进一步对图进行改进。

对于数据的统计分布特征，Matplotlib 还提供了“ax.hist()”用于绘制数据的频次直方图（图 4.13）。

```
33      ax = fig.add_subplot(2,2,2)
```

```
34 ax.hist(dat[:,2],bins=np.arange(-6,6.5,0.5),
35         density=False,
36         facecolor='lightgrey',edgecolor='k')
```

第 34~36 行，利用“ax.hist()”绘制频次直方图，它的 2 个重要参数分别为数据（“dat[:,2]”）和“bins”。其中，“bins”表示数据统计的间隔，比如设置为 -6~6，间隔为 0.5，表明先统计 -6~-5.5 数值出现的次数，绘成左边第一个柱条，然后依次向右间隔 0.5 取值绘图。此处使用的“dat[:,2]”也就是图 4.8 中的“无趋势”数据。其余设置柱条形式的参数与“ax.bar()”一致。“ax.hist()”还有一个“density”参数，如果它为“True”，柱值表示的是占总样本量的百分比（0~1）；为“False”时，柱值表示出现的频次（图 4.13）。

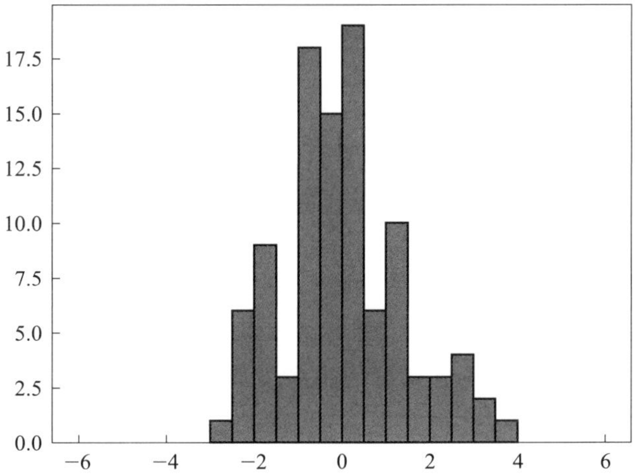

图 4.13 频次直方图

(4) 箱式图

箱式图是进行数据间比较的重要图形(图 4.14)。它包含数据的中位数、75% 值和 15% 值(箱子的上边界和下边界)，15% 值和 75% 值分别减和加 1.5 倍 IQR（四分差）值，以及奇点值（超出 1.5 倍 IQR 的值)。其中，IQR 为 75% 处值减去 15% 处值。绘制箱式图使用“ax.boxplot()”函数，接上面的代码，对“dat”的三列数据进行比较。

```
37 ax = fig.add_subplot(2,2,3)
38 ax.boxplot(dat)
```

第 38 行，很容易绘制出箱式图（图 4.14)，对于箱式图的参数设置这里不详细介绍。建议需要进一步设置箱式图的高级用户阅读 Matplotlib 官网的相关说明文档。读者还可以进一步对图形要素进行配置，使得图形信息丰富和清晰美观。

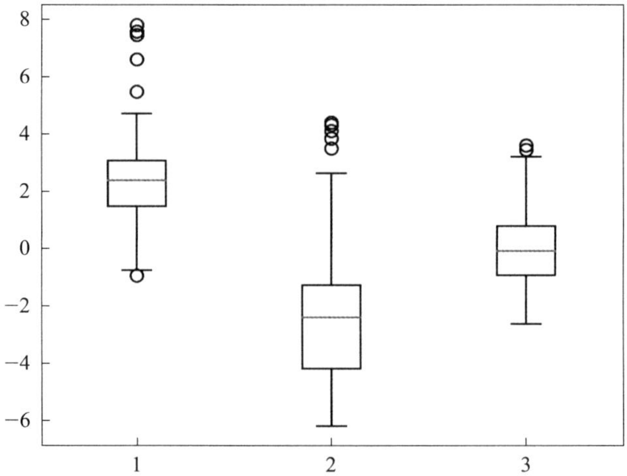

图 4.14　箱式图

4.3　二维图形

(1)等值线

二维填色和等值线图是气象上常用的表征数据空间分布的图形，二维填色是数据的伪彩色表征方式，即以色彩表征数据数值的大小。绘制此类图形，至少需要 3 个变量，包括 x 轴和 y 轴的坐标(一般为经纬度)和坐标(x,y)上的数值。因此，需要数据是二维的，而 x 轴和 y 轴的坐标数据可以是二维的，也可以是一维的，分别描述各自所在维度的坐标，它们都需要与二维数据里的列和行对应。

下面以第 3 章中得到的“wave.grib2.nc”数据为例进行绘图(图 4.15)。

```
import matplotlib.pyplot as plt
import xarray as xr

def readat(pth):
    ds = xr.open_dataset(pth)
    gh = ds['gh'].loc['2100-06-01']
    lon = gh['longitude']
    lat = gh['latitude']
    return lon,lat,gh
```

```
10 if __name__=='__main__':
11     pth = 'wave.grib2.nc'
12     lon,lat,dat = readat(pth)
13     fig = plt.figure(figsize=(11,8.5))
14     ax = fig.add_subplot(2,2,1)
```

第 1~14 行,利用子函数读入数据,建立画布和坐标。

```
15     levels = list(range(-100,110,20))
16     levels.remove(0)
17     h = ax.contour(lon,lat,dat,levels=levels,
18                    colors='k')
19     ax.clabel(h)
```

第 15~19 行,绘制等值线。“ax.contour()”函数(第 17 行)前两个参数依次表示 x 轴和 y 轴的坐标(一维或二维的坐标数组),第三个参数是以前两个数据为坐标的数值。需要注意,第三个参数的两个维度由左向右依次为 y 轴和 x 轴坐标对应的数值,该函数前两个参数依次是 x 轴和 y 轴。第四个参数“levels”表示要绘制的等值线个数或等值线数值。第 15 行,利用“range()”函数定义一个等值线列表,利用列表附带函数“remove()”去掉 0 线(第 16 行)。第 18 行,使用“colors”参数设置等值线的颜色,“linewidths”参数设置等值线线宽;如不设置“colors”,可设置参数“cmap”,将等值线绘成彩色等值线。“cmap”的设置将在填色图中进行详细介绍。第 19 行,利用“ax.clabel()”函数为等值线标值,其输入参数是等值线的句柄。

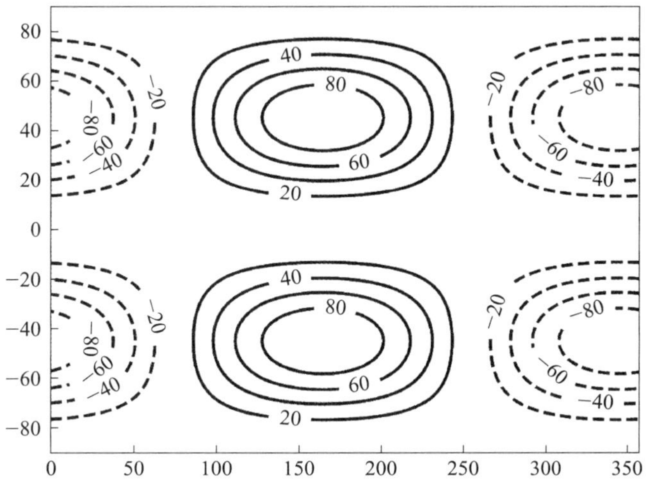

图 4.15　等值线

(2)颜色表

介绍填色图前,先了解一下 Matplotlib 模块里的颜色表(colormap)。网址 https://matplotlib.org/stable/gallery/color/colormap_reference.html 为 Matplotlib 提供了颜色表链接。也可以通过下段代码查看这些颜色表。

```
20 from matplotlib.cm import datad
21 print(datad.keys())
dict_keys(['Blues', 'BrBG', 'BuGn', 'BuPu', 'CMRmap', 'GnBu', 'Greens', 'Greys', 'OrRd', 'Oranges', 'PRGn', 'PiYG', 'PuBu', 'PuBuGn', 'PuOr', 'PuRd', 'Purples', 'RdBu', 'RdGy', 'RdPu', 'RdYlBu', 'RdYlGn', 'Reds', 'Spectral', 'Wistia', 'YlGn', 'YlGnBu', 'YlOrBr', 'YlOrRd', 'afmhot', 'autumn', 'binary', 'bone', 'brg', 'bwr', 'cool', 'coolwarm', 'copper', 'cubehelix', 'flag', 'gist_earth', 'gist_gray', 'gist_heat', 'gist_ncar', 'gist_rainbow', 'gist_stern', 'gist_yarg', 'gnuplot', 'gnuplot2', 'gray', 'hot', 'hsv', 'jet', 'nipy_spectral', 'ocean', 'pink', 'prism', 'rainbow', 'seismic', 'spring', 'summer', 'terrain', 'winter', 'Accent', 'Dark2', 'Paired', 'Pastel1', 'Pastel2', 'Set1', 'Set2', 'Set3', 'tab10', 'tab20', 'tab20b', 'tab20c'])
```

第 20 行,导入“matplotlib.cm”的“datad”属性。第 21 行,查看“datad”的键“keys()”名称,以此查看 Matplotlib 内置的颜色表(colormap),若在 colormap 名后面加上“_r”,则得到对应颜色表的反序 colormap,例如,“Blues”为白色在前、蓝色在后,而“Blues_r”则为蓝色在前、白色在后。通过 Matplotlib 官网的例子可以进一步查看到这些颜色表的具体实例。

此外,还可以自定义颜色表。

```
22 from matplotlib.colors import LinearSegmentedColormap
23 colors = ['gray','w','gray']
24 n_bin = 21
25 cmap=LinearSegmentedColormap.from_list('gwg',colors,N=n_bin)
```

第 22 行,导入“matplotlib.colors”的“LinearSegmentedColormap()”函数,该函数一般需要 3 个参数,第一个参数是自拟的 colormap 名称,第二个参数是颜色序列,第三个参数是 colormap 中插值出的颜色个数。该函数将输入颜色序列线性插值,生成给定的颜色个数。第

23 行，用“灰、白、灰”作为插值颜色(颜色也可用 RGB 数值表示的列表定义，此处不进行介绍)。第24行定义颜色个数为21。第25行，使用函数“LinearSegmentedColormap()”生成一个颜色表，赋予变量“cmap”。

(3)二维填色图

定义好“cmap”变量，接前段代码开始绘制二维填色图(图 4.16)。此处使用灰度填色，读者可根据需要使用上一小节中介绍的彩色 colormap。

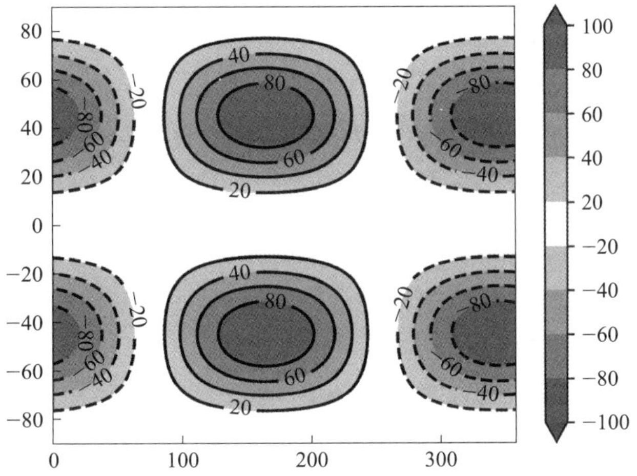

图 4.16　等值线填色图

```
26  h = ax.contourf(lon,lat,dat,levels=levels,cmap=cmap,
27                 extend='both')
28  # h = ax.pcolor(lon,lat,dat,cmap=cmap,
29  #                vmin=-100,vmax=100)
30  plt.colorbar(h)
```

第 26 行，使用“contourf()”绘制等值线填色图。该函数与“contour()”函数使用方法基本一致(第 17 行)，不同在于它在等值线间进行了填色。通过“cmap”参数设置填色表，即 colormap，设置的原则以清晰美观为宜。第 26 行，将“cmap”参数设置成了第 25 行定义的“cmap”变量。读者也可以设置成第 21 行打印出的任意 colormap 或它们的反序(需注意此参数为字符串)。

第 27 行，“contourf()”函数中的“extend”参数，包括“neither”“both”“min”“max”4 个选项，用于设置 colorbar 的下、上限对数值范围的展示情况。默认值“neither”表示当数据的数值小于“levels”参数的最小值(或大于最大值)时,这些数值将被绘成空白。比如,“levels”设置成 -100~100,当数值有 -110 或 110 时,所在区域就会填成白色。

如果设置“extend='both'”,大于 100 或小于 -100 的数值将会以 colormap 两端的颜色填色。设置成“extend='min'”时,小于 -100 的值会被填成“levels”参数中最小值的颜色,而大于 100 的值被填成白色;同理,“extend='max'”则针对大于 100 的数值。

第 26 行,将“contourf()”的返回值赋予变量“h”用于绘制 colorbar,第 30 行使用“plt.colorbar()”函数进行绘制。“plt.colorbar()”函数的第一个参数为填色图的句柄,其他参数有“location”和“orientation”等。其中,“location”设置 colorbar 在图形外侧的位置,有“left”“right”“top”和“bottom”4 个选项,默认在右侧;设置该参数时要与“orientation”配合,“orientation”有“horizontal”和“vertical”2 个选项,默认值为“vertical”。当 colorbar 处于“top”和“bottom”时,将“orientation”设成“horizontal”;处于“left”和“right”时则设成“vertical”。最后,“cax”用于绘制多图共享同一色标,使用该参数时不再使用“location”参数,具体使用方法将在后面用到时详细讲解。

第 28~29 行被注释了,绘制的也是填色图。读者将注释解除,然后对第 26~27 行进行注释,看看绘制的图形有什么特点。其中,“pcolor()”函数(第 28 行)对数据进行了格点填色,它的前 3 个参数与“contourf()”函数相同,“cmap”参数也一致。不同在于“pcolor()”函数将“cmap”给定的颜色表用于配合数据的最大值和最小值,将数据所在格点进行填色。“pcolor()”没有“levels”和“extend”参数,若想限定填色范围的最大值和最小值,使用“vmin”和“vmax”2 个参数,小于“vmin”的值被填色为“vmin”的颜色,“vmax”则相反。对于 colorbar,绘制方法与“contourf()”函数完全相同。

等值线和格点填色的使用情景有所不同。当数据有缺测或对不显著数值进行缺测处理时,使用格点填色。因为等值线填色会对数据进行插值,它更适用于连续的无缺测情况。当数据出现缺测时,等值线填色在缺测值的边缘会失真。如果数据连续,无论使用格点填色还是等值线填色,应当根据实际情况和图形的清晰美观决定。可以注意到,上面代码完成了等值线与填色的叠加,如果仅需填色,可将第 17~19 行的“contour()”部分进行注释。另外,读者也可以尝试彩色的 colormap 画出更清晰美观的图形。

(4)矢量图

矢量图是气象上常用的能够同时表达流体运动方向和强度的图形。本书仅介绍利用“quiver()”函数绘制矢量图的方法,其他绘制矢量的函数大同小异,不再介绍。

继续使用“wave.grib2.nc”。假设该数据是位势高度异常数据,可以在球坐标系下计算相应的地转风异常($u_g=-\dfrac{g}{f}\dfrac{\partial h}{a\partial\varphi}$,$v_g=\dfrac{g}{f}\dfrac{\partial h}{a\cos\varphi\partial\lambda}$),其中,$(u_g,v_g)$表示地转风异常;$h$ 为位势高度异常;φ 和 λ 分别为纬度和经度;重力加速度 g=9.8 m·s^{-1};$f=2\Omega\sin\varphi$ 表示科氏

参数,Ω 是地球自转角速度;地球半径设为 a=6378137 m。另外,使用中央差分格式进行差分计算 $f'(x)=\dfrac{f(x+\Delta x)-f(x-\Delta x)}{2\Delta x}$,在两极格点使用前差 $f'(x)=\dfrac{f(x+\Delta x)-f(x)}{\Delta x}$ 或后差 $f'(x)=\dfrac{f(x)-f(x-\Delta x)}{\Delta x}$ 进行计算。

```
1   import xarray as xr
2   import numpy as np
3   import matplotlib.pyplot as plt
4
5   def readat(pth):
6       ds = xr.open_dataset(pth)
7       gh = ds['gh'].loc['2100-01-01'][::-1]
8       lon = gh['longitude']
9       lat = gh['latitude']
10      return lon.to_numpy(),lat.to_numpy(),gh.to_numpy()
```

第 1~10 行导入模块和读入数据。注意到第 7 行选取 1 月的数据,同时为方便差分计算对纬度进行了反序处理(原纬度值为 90~−90)。第 10 行,利用数据附带的"to_numpy()"函数将返回的经度、纬度和数据处理成 Ndarray。

```
11  def der(dat,dx=2.5*np.pi/180.,axis=0): #derivation
12      datp = np.zeros(dat.shape)
13      if axis==0:
14          datp[1:-1] = (dat[2:] - dat[:-2])/dx/2
15          datp[ 0] = (dat[ 1]-dat[ 0])/dx
16          datp[-1] = (dat[-1]-dat[-2])/dx
17      else:
18          datp[:,1:-1] = (dat[:,2:] - dat[:,:-2])/dx/2
19          datp[:, 0] = (dat[:,1] - dat[:,-1])/dx/2
20          datp[:,-1] = (dat[:,0] - dat[:,-2])/dx/2
21      return datp
```

第 11~21 行计算差分。第 11 行,定义的函数包括 3 个参数,第一个参数是位置参数,后

2 个参数是关键字参数。第一个关键字参数“dx”表示格点间距，默认值设为 2.5 弧度；第二个关键字参数“axis”表示对哪一个维度进行差分，默认对第 0 维（纬度）。第 12 行，利用“np.zeros()”函数定义一个与“dat.shape”结构相同的数组，它的数值全为 0。“np.zeros()”或“np.ones()”的输入参数为一个一维元组或列表，表示数组的大小。

第 13 行，判断对纬度还是经度进行差分计算。第 14~16 行，对纬度差分，计算 $\Delta h/\Delta\varphi$。对除两端以外的中间部分使用中央差（第 14 行），两端使用前差或后差（第 15~16 行）。第 18~20 行，计算 $\Delta h/\Delta\lambda$，全部使用中央差进行计算。由于地球是圆的，对于纬向两端的计算利用数据循环的特点（第 19~20 行）。第 21 行返回差分结果。

```
22 def calugvg(lon,lat,gh):
23     g = 9.8
24     a = 6378137
25     omega = 2*np.pi/24/3600
26     x, y = np.meshgrid(lon,lat)
27     y = y/180*np.pi
28     f = 2*omega*np.sin(y)
29     msk = np.abs(f)<1e-10
30     f[msk] = np.nan
31     ug = -1*g*der(gh,axis=0)/(f*a)
32     vg =    g*der(gh,axis=1)/(f*a*np.cos(y))
33     return ug, vg
```

第 22~33 行，利用地转风关系式计算生成“高度异常”产生的“地转风”。第 22 行，定义计算地转风的子函数，采用经度、纬度和高度作为输入参数。第 23~24 行，给出重力加速度和地球半径。第 25 行，计算地球自转角速度（单位：弧度），其中用到“np.pi”，它是由 Numpy 提供的圆周率。第 26~28 行，分别将经纬度变成二维数组，将纬度转换成弧度，并计算科氏参数。第 29~30 行，利用 Numpy 的布尔值索引方式，将接近 0 的科氏参数赋成缺测值，避免计算时出现恼人的警告。第 31~32 行为地转平衡关系式，其中调用到第 11 行定义的差分函数。

```
34 if __name__=='__main__':
35     lon,lat,gh = readat('wave.grib2.nc')
36     ug,vg = calugvg(lon,lat,gh)
```

```
37      fig = plt.figure(figsize=(11,8.5))
38      ax = fig.add_subplot(2,2,1)
```

从第 34 行开始为主函数。第 35 行读入数据，第 36 行计算地转风，然后建立画布和坐标系（第 37~38 行）。

```
39      levels = list(range(-100,110,20))
40      levels.remove(0)
41      ax.contour(lon,lat,gh,levels=levels,
42                 colors='gray',linewidths=1,zorder=1)
```

为了方便比较，第 39~42 行绘制位势高度的等值线，设置 “zorder=1”，所有绘图函数均有这一参数，用于设置绘图次序。

```
43      d = 8
44      q = ax.quiver(lon[::d],lat[::d],ug[::d,::d],vg[::d,::d],
45                    scale=100,units='width',pivot='mid',color='k',
46                    width=0.003,
47                    headwidth=8,headlength=6,headaxislength=3,
48                    zorder=1.1)
```

第 43~48 行绘制矢量图（图 4.17）。如果直接使用原始数据，矢量较密，此处间隔 8 个格点取一个值绘图（43~44 行）。“ax.quiver()” 函数的前 4 个参数分别为 x 轴和 y 轴的坐标、矢量在 x 和 y 方向的数值（44 行）。另外，还可以设置第 5 个参数（本代码没有设置），它是一个与第三个参数或第四个参数大小相同的数组，它的数值大小可用于矢量填色，具体设置的参数包括 “cmap” 等，与填色图类似，此处不进行介绍。

第 45 行，“scale” 用于调整矢量的大小，大值表示缩小，小值表示放大，该参数与 “units” 参数配合使用。“units” 参数的默认值（“width”）已满足气象的一般绘图要求，不需另外调整。“pivot” 参数为矢量与坐标点的相对位置（默认为 “tail”），包括 “tail” “mid” 和 “tip” 3 个选项，分别表示从坐标点出发、以坐标为中心和指向坐标点。“color” 参数在 “ax.quiver()” 不提供第 5 个参数时，用于设置矢量颜色。

第 46 行，“width” 设置矢量线宽，默认值是 0.005。第 47 行，“headwidth” 设置箭头的宽度（默认 3），“headlength” 设置箭头长度（默认 5），“headaxislength” 用于设置箭头内侧长度（默认 4.5),读者可以尝试改变 4 个参数改变矢量箭头的形状。通过不断调整,可以试出使图形美观的参数配合。第 48 行,设置“zorder=1.1”使得矢量图叠加在等值线上层。

画出矢量图后,需要提供矢量长度的参考。下面代码利用“ax.quiverkey()”函数绘出参考矢量。

```
49      x0,x1,y0,y1 = [290,355,-88,-70]
50      ax.fill([x0,x1,x1,x0,x0],[y0,y0,y1,y1,y0],
51              facecolor='w',edgecolor='k',zorder=1.2)
52      ax.quiverkey(q,(x0+x1)/2,y1-0.3*(y1-y0),5,label='5 m/s',
53                   coordinates='data',color='k',labelcolor='k',
54                   labelpos='S',labelsep=0.08,
55                   fontproperties={'size':6,'weight':'bold'},
56                   zorder=1.2)
```

如果想将参考矢量绘到图形内(或坐标内),需使用坐标参考。为了不与图内的矢量混淆,第 49~51 行利用“ax.fill()”在图内绘制了一个白底黑边的方框。第 49 行定义了一个列表,前 2 个值是矩形区域的经度,后 2 个值是纬度。第 50 行,函数“ax.fill()”前 2 个参数分别是填充形状的端点 x 轴和 y 轴的坐标(端点闭合)。然后可以定义边框的填色和边线颜色(第 51 行)。同样,利用“zorder=1.2”让其在矢量之上。

第 52~56 行,利用“ax.quiverkey()”绘制参考矢量。第一个参数是矢量图的句柄(第 44 行的“q”变量)。第二个参数和第三个参数表示要绘制矢量的位置,要与“coordinates”参数配合使用(第 53 行)。“coordinates”参数有“axes”“figure”“data”和“inches”4 个参数,默认值是“axes”。“axes”表示在坐标系内以 0~1 为参考定位,即坐标系的最左下端为(0,0),右上端为(1,1),此选项与坐标系的范围和数值无关;“figure”表示在画布内绘制参考矢量,与“fig.text()”相似;“data”表示以数据坐标信息为参考绘制参考矢量,示例的代码使用了该选项,以方便使用“ax.fill()”函数;“inches”与“plt.figure()”的“figsize”参数有关。第 52 行,将第二个参数设置成第 49~51 行绘制的矩形的中点,第三个参数设成此矩形上边界下偏 30% 的高度。第四个参数和第五个参数分别表示矢量的参考值及其字符串。此处,第四个参数为 5,表示矢量值是 5,因此对应的“label”参数设置成了“5 m/s”(请读者务必保持数值和字符串的统一)。

第 53 行,设置参考矢量的颜色(“color”)和字符串的颜色(“labelcolor”)。第 54 行,设置字符串相对参考矢量的位置,包括上“N”、下“S”、左“W”、右“E”4 个选项,默认值为“N”。还可以调整字符串离参考矢量的距离“labelsep”,默认值是 0.1。与“legend()”函数的“prop”参数相似,还可以通过“fontproperties”参数利用字典设置字符串的特性,比如“family”和“size”等。最后,通过“zorder”让参考矢量在所有图形的最上层(图 4.17)。

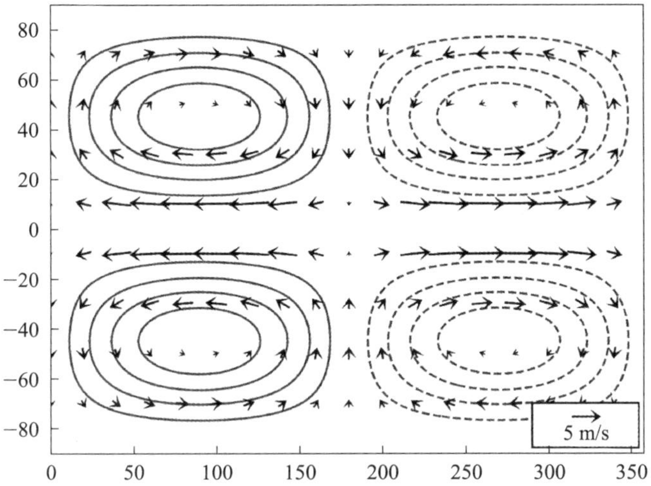

图 4.17　矢量叠加等值线(参考矢量绘于右下方)

(5)垂直气压坐标

在气象上,有时需要绘制某一变量的垂直剖面,常以气压表示 y 轴,有时还需要将垂直地形绘制到图形上。下面代码将一个“经度 × 高度”数据绘制成以气压为 y 轴的图形。

```
import matplotlib.pyplot as plt
import numpy as np

def creatdat():
    lev = np.arange(1000,90,-50)
    lon = np.arange(-180,181,1)
    sfp0 = 700+(lon**2/50)
    sfp = []
    for x in sfp0:
        if x>=1000:
            sfp.append(1000)
        else:
            sfp.append(x)
    x, y = np.meshgrid(lon,lev)
    dat = y[::-1,:]/1000*np.cos(x/180*np.pi)
    return sfp,lon,lev,dat
```

第 1~2 行导入需要的模块。第 4~16 行生成一个数据，它是二维（经度 × 高度）数据，高度取 1000~100 hPa，间隔 50 hPa（第 5 行）；经度从 -180°~180°，间隔 1°（第 6 行）。若想绘出地形，y 轴是气压，地形需要用气压表述，用与数据相同时次的地面气压绘制地形是最佳选择。第 7~13 行，生成一个地面气压，最小值为 700 hPa，最大值为 1000 hPa，此处涉及的语句均为前面介绍过的，请自行阅读理解其用途。第 14 行建立二维格点。第 15 行，将数据设为值随高度递增（随气压递减），纬向一波的结构。第 16 行返回数据。

```
17 if __name__=='__main__':
18     sfp, lon, lev, dat = creatdat()
```

第 18 行，运行子函数得到数据。如果读者手边有相关数据，可忽略此步，用第 3 章介绍的方法将数据读入，需地面气压、经度（或纬度）、高度（hPa）和数据（二维的经度 × 高度）。

```
19     clevels = np.arange(-1,1.1,0.2)
20     fig = plt.figure(figsize=(11,8.5))
21     ax = fig.add_subplot(2,2,1)
22     h = ax.contour(lon,lev,dat,
23                         levels=clevels,colors='k',
24                         linewidths=2)
25     ax.clabel(h)
26     ax.set_title('(a)',loc='left')
```

第 19 行，将要绘制的等值线范围设定在 -1~1，间隔 0.2。第 20~21 行建立画布和坐标，第 22~24 行直接绘制等值线，第 25 行给等值线标值，第 26 行以标题的形式绘制图的标号（图 4.18a）。

```
27     ax = fig.add_subplot(2,2,2)
28     h = ax.contour(lon,lev,dat,
29                         levels=clevels,colors='k',
30                         linewidths=2,zorder=1)
31     ax.clabel(h,zorder=1)
32     yticks = np.arange(1000,0,-100)
33     ax.set_yscale('log')
34     ax.invert_yaxis()
```

```
35	ax.set_yticks(yticks)
36	ax.set_yticklabels(['%3i' %(x)+' hPa' for x in yticks])
37	xticks = np.arange(-180,181,60)
38	ax.set_xticks(xticks)
39	ax.set_xticklabels(['%3i' %(x)+r'$^o$'+'E' for x in xticks])
40	ax.fill(lon,sfp,'lightgray',edgecolor='k',
41	        hatch='x',zorder=1.1)
42	ax.set_title('(b)',loc='left')
```

若想以气压为 *y* 轴，同时对坐标轴反置和取对数坐标，设置则略复杂。第 27~31 行，与图 4.18a 相似，但此处设置了“zorder”参数，使得等值线及其数值在“zorder=1”这层。第 32~36 行，设置 *y* 轴，第 32 行以“yticks”存储 *y* 轴的刻度，第 33 行将 *y* 轴对数处理，第 34 行反置 *y* 轴；第 35 行和第 36 行与坐标要素中介绍的设置方法完全相同，设置刻度后（第 35 行），再将每个刻度换成字符串（第 36 行，此处使用了列表推导）。第 37~39 行，设置 *x* 轴，与第 35~36 行中使用的方法类似。第 40~41 行，绘制地形，此处再次用到“ax.fill()”函数，前 2 个参数为 *x* 轴和 *y* 轴坐标值，将 *y* 值以下的部分填色，第三个参数是所填的颜色；此外，还可以进一步设置填色边线的颜色“edgecolor”，再将填色区以线型进行填充“hatch”；这里将“zorder”设为 1.1 是为了覆盖在等值线上（图 4.18b）。对于填色图、矢量图均可以采取上述方式绘制垂直气压坐标。

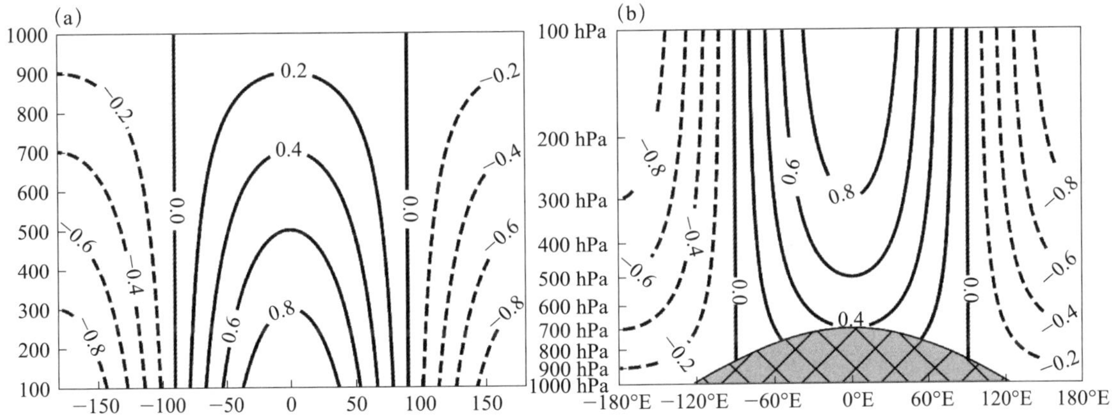

图 4.18　(a) 直接绘制的二维等值线；(b) 对 *y* 轴进行对数和倒置处理，并加入了地形（灰色阴影区），同时为 *x* 轴的坐标加上单位

Matplotlib 绘图就像画油画，需要一层一层地将图形绘制。绘图时根据需要通过改变“zorder”参数设置图形的前后顺序。

4.4 地理信息

Python 的特点是函数库庞杂，完成同一件事可以从多个函数库找到不同的函数和方法。在图形上绘制地图既可以使用 Basemap，又可以使用 Cartopy，本书仅介绍后者。建议读者学精用精 Cartopy 即可，不用面面俱到。

Cartopy 是英国 Met Office 开发的（https://scitools.org.uk/cartopy），用来配合 Matplotlib 使用，基于 PROJ、Numpy、shapely 等处理地理信息的模块。在本章开始，已经将该模块安装在 Conda 环境下。如需单独安装，命令如下：

```
> conda install -c conda-forge cartopy
```

(1)海岸线

使用 Cartopy 模块，首先，在画布上建立坐标系时，设置"projection"参数；其次，在坐标系内绘图时，为绘图函数设置"transform"参数。在 Matplotlib 中所有绘图函数均包含此参数，如本书 4.2 节和 4.3 节中介绍的所有绘图函数。

下段代码继续使用"wave.grib2.nc"数据。

```
1   import matplotlib.pyplot as plt
2   import cartopy.crs as ccrs
3   import xarray as xr
4
5   if __name__=='__main__':
6       ds = xr.open_dataset('wave.grib2.nc')
7       dat = ds['gh'].loc['2100-06-01']
8       lon = dat['longitude']
9       lat = dat['latitude']
```

上段代码除第 2 行外，均为前面使用过的代码，不再赘述。其中，第 2 行导入"cartopy.crs"子模块，一般缩写为"ccrs"。

```
10      fig = plt.figure(figsize=(11,8.5))
11      ax = fig.add_subplot(2,2,1,
12                           projection=ccrs.PlateCarree())
```

第 10~12 行建立画布和坐标系。第 12 行，建立坐标系时需使用“projection”参数，此处将其值设置为“ccrs.PlateCarree()”，此种投影方式为等经纬度的圆柱形投影。Cartopy 提供了多种投影方式，在讲解如何绘制海岸线后，将介绍几种常用的投影方式。

```
13    ax.coastlines()
14    ax.text(-165,-70,'(a)',
15            backgroundcolor='lightgrey',fontsize=12,
16            transform=ccrs.PlateCarree())
```

第 13 行，利用“ax.coastlines()”函数绘制海岸线（图 4.19）。该函数常用参数有 3 个，包括“resolution”“color”和“linewidth”，其默认值分别为“'110m'”“'k'”和“1”，注意前 2 个参数值为字符串，分辨率还有“'50m'”和“'10m'”2 个选项。函数“ax.coastlines()”也有“zorder”参数，可用于调整其所在的绘图层次。

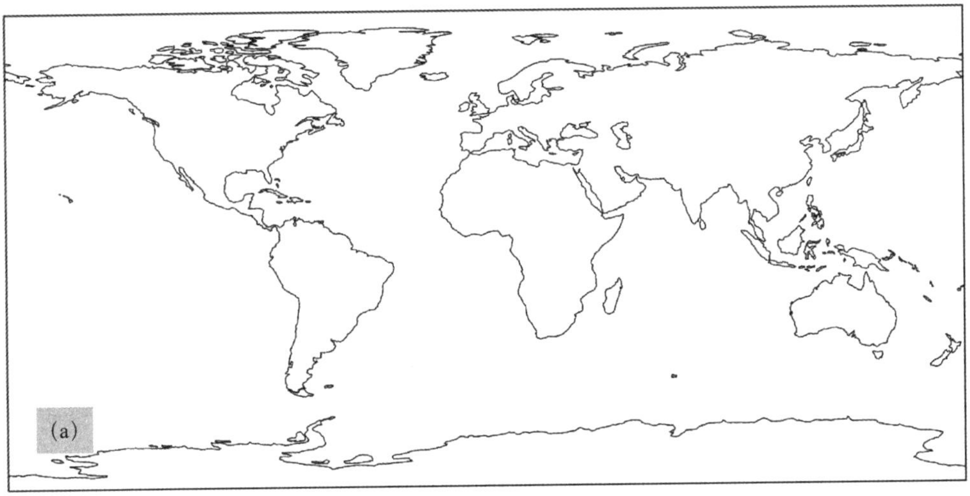

图 4.19　绘制海岸线

第 14~16 行，为图形打上序号，此处 x 轴和 y 轴坐标以经纬度表示，由于海岸线和数据绘制图形的存在，一般会为序号打上底色（“backgroundcolor”）以避免混淆（第 15 行）。最重要的一点，通过“transform”参数告诉绘图函数是在何种地图投影下提供的 x 轴和 y 轴坐标。

第 16 行“transform”参数的设置用于表示所提供数据坐标的投影方式。一般气象上使用的都是经纬度数据，所用投影方式是“ccrs.PlateCarree()”；而第 12 行的“projection”是指绘图的投影方式，取决于绘图者的展示需求，与数据的投影方式无关。换言之，“projection”和“transform”两者独立，前者是绘图的投影方式，后者为数据坐标的投影方式。例如，数据若以兰勃特投影方式计算，所提供坐标应是以该投影方式得到的（坐标为距离投影中心多少米）。那么，在“transform”参数设置时需采用“ccrs.LambertConformal()”函数，同时设置与投影方式完全相同的各个参数，否则绘图时会导致失真。而“projection”参数则不一定要采用兰勃特投影，选取何种投影方式完全取决于绘图者的展示需求。

下面对数据进行绘制，并加上海岸线。

```
17    levels = list(range(-100,110,20))
18    levels.remove(0)
19    ax = fig.add_subplot(2,2,2,
20       projection=ccrs.PlateCarree(central_longitude=180))
21    ax.contour(lon,lat,dat,levels=levels,
22              colors='gray',
23              transform = ccrs.PlateCarree())
24    ax.coastlines(resolution='50m')
25    ax.text(15,-70,'(b)',
26           backgroundcolor='lightgrey',fontsize=12,
27           transform=ccrs.PlateCarree())
```

第 17~27 行，将数据绘制成等值线，所有设置与前面介绍的等值线的绘制方法完全相同。第 19~20 行，建立坐标系时加入“projection”参数，使用圆柱投影“ccrs.PlateCarree()”；对投影方式的“central_longtitude”参数进行设置，设置为 180（单位：°），其取值范围为 -360°~360°；第 23 行，设置“ax.contour()”函数的“transform”参数，因为数据是经纬度坐标，将其设为圆柱投影。第 24 行，绘制海岸线，将分辨率设置为“'50m'”。第 27 行，与第 16 行相同，为“ax.text()”函数加入“transform”参数（图 4.20）。

从图 4.20 可以发现，有些海岛也被显示出来，海岸线变得更加精细。若想改变绘图范围，比如仅关注东亚地区，可以使用“ax.set_extent()”函数。

```
28    ax = fig.add_subplot(2,2,3,
29       projection=ccrs.PlateCarree())
30    ax.contour(lon,lat,dat,levels=levels,
31              colors='gray',
32              transform = ccrs.PlateCarree())
33    ax.coastlines(resolution='10m',linewidth=2)
34    ax.set_extent([70,140,0,60],ccrs.PlateCarree())
```

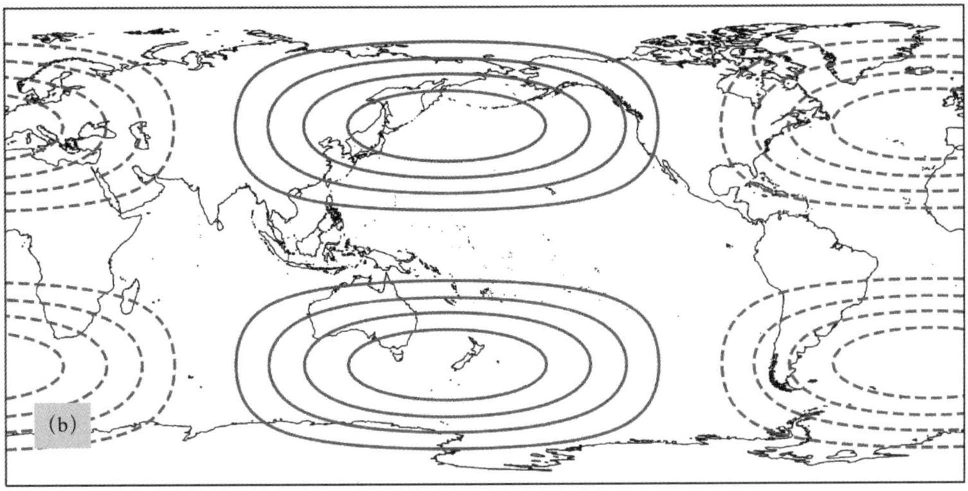

图 4.20　绘制数据的同时叠加海岸线

```
35 ax.text(73,3,'(c)',
36         backgroundcolor='lightgrey',fontsize=12,
37         transform=ccrs.PlateCarree())
```

第 28~33 行，与图 4.20 的绘制方法相似，由于要设置绘图范围就不需要在第 29 行设置中心的经度。第 33 行，采用“'10m'”分辨率，并将海岸线宽设成“2”。第 34 行，使用“ax.set_extent()”设置地图的范围，第一个参数为列表，它的 4 个元素分别表示了西、东、南、北的边界值(图 4.21)。此处，使用经纬度值，故第二个参数的投影方式为“ccrs.PlateCarree()”。需要注意的是，除建立坐标系时“projection”参数调用的投影方式，根据需要设置其中参数(如“central_longitude”)，使用经纬度坐标绘图和设置地图范围时，使用的投影方式一般不设置任何参数。

建立带有“projection”的坐标系后，可以灵活地绘制各类图形，并修改图形和地理信息的属性(图 4.22)。

```
38 ax = fig.add_subplot(2,2,4,
39    projection=ccrs.PlateCarree())
40 ax.contour(lon,lat,dat,levels=levels,
41            colors='k',
42            transform = ccrs.PlateCarree())
43 ax.coastlines(resolution='10m',color='gray')
44 ax.set_extent([70,140,0,60],ccrs.PlateCarree())
45 ax.text(73,3,'(d)',
```

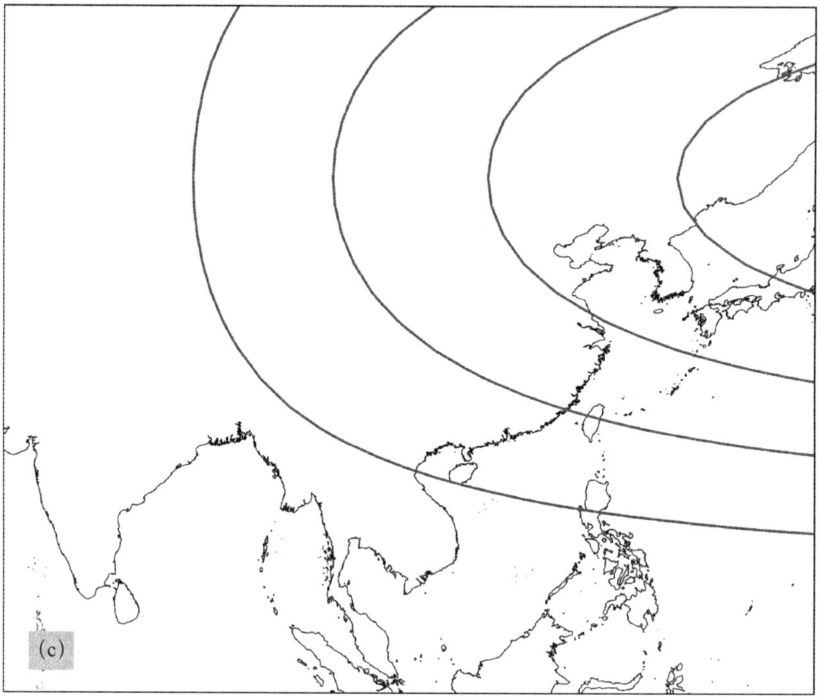

图 4.21　绘制东亚范围

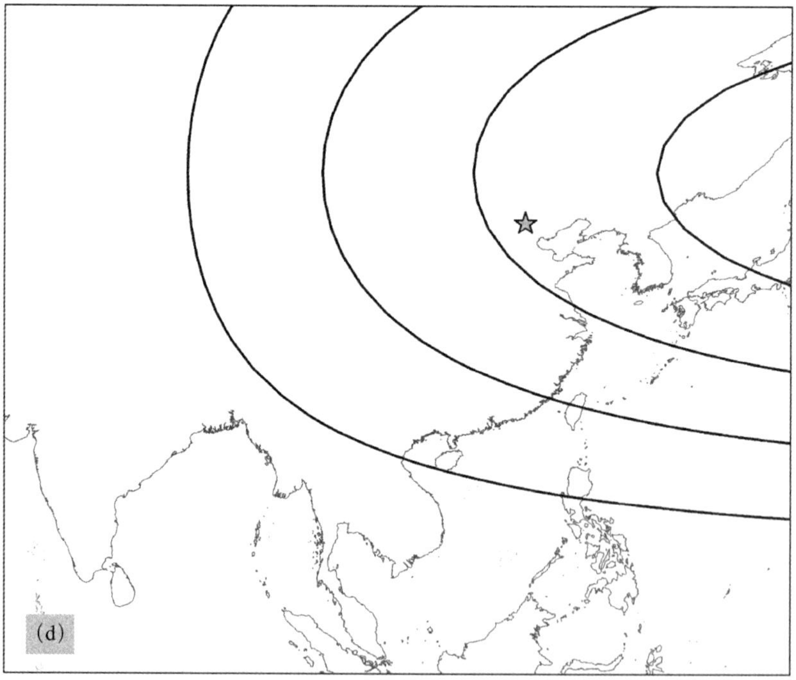

图 4.22　改变图形和海岸线的属性并绘制一个五角星

```
46                  backgroundcolor='lightgrey',fontsize=12,
47                  transform=ccrs.PlateCarree())
48        ax.scatter(116.5,40.5,1000,marker='*',
49                     edgecolor='k',facecolor='lightgrey',
50                     transform=ccrs.PlateCarree())
```

第 38~47 行，与图 4.21 相似，但将等值线变成黑色（第 41 行），海岸线变成灰色（第 43 行）。此外，第 48~50 行，在（116.5°E，40.5°N）处绘制了一个填色的灰色五角星。同样，需要使用“transform”参数。

当为坐标系加入投影方式后，坐标系需要满足一定的比例，否则地图会变形失真，因此，绘出的图形不会像没有投影方式时在画布上自适应。当绘制多个子图时，子图间的间距会变大或变小，此时需要使用“fig.subplots_adjust()”函数（图 4.23），而使用“ax.set_aspect('auto')”使坐标系不受地图比例限制便于一页多图，但是需要注意该设置会使地图变形。

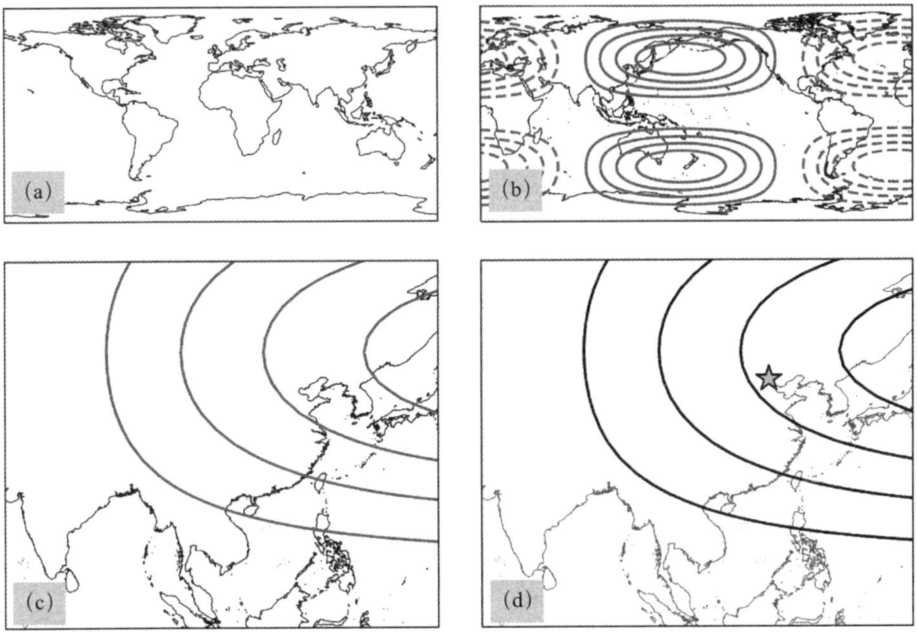

图 4.23　调整子图间距

```
51        fig.subplots_adjust(wspace=0.1,hspace=-0.1)
```

第 51 行，利用“fig.subplots_adjust()”函数设置子图间距，常用参数有 2 个。第一个“wspace”

表示水平间距取值 -1~1,同理,“hspace”表示垂直间距。正值表示间距变大,负值表示间距变小,图 4.23 为调整间距后的结果。参数值会根据子图、画布的不同而有所差异,读者需根据实际情况进行调整。

读者可能注意到,建立坐标系时“projection”的参数选项不止一个,即可选的投影方式很多。另外,图形上也没有坐标的刻度。下面依次介绍常用的投影方式和坐标刻度。

(2)常用投影

对于全球的数据显示,一般常用的投影方式有 5 种,将通过下面这段代码进行介绍。

```
1    import matplotlib.pyplot as plt
2    import cartopy.crs as ccrs
3    import xarray as xr
4
5    if __name__=='__main__':
6        ds = xr.open_dataset('wave.grib2.nc')
7        dat = ds['gh'].loc['2100-06-01']
8        lon = dat['longitude']
9        lat = dat['latitude']
```

第 1~9 行,导入模块读入数据。

```
10       crs = ['ccrs.PlateCarree',
11              'ccrs.Orthographic',
12              'ccrs.Mollweide',
13              'ccrs.Robinson',
14              'ccrs.InterruptedGoodeHomolosine',
15              'ccrs.InterruptedGoodeHomolosine']
```

第 10~15 行,为了方便调用投影方式,同时为图形打上题标,建立投影方式的字符串列表。其中,第一个投影方式是前面使用过的圆柱投影,后面 4 个投影方式依次是正射投影(类似从地球上空俯瞰)、摩尔维特投影、罗宾逊投影和强调海洋 / 陆地的等面积投影。

```
16       clon = [180,100,90,120,0,0]
17       clat = 30
```

不同的投影方式需要不同的输入参数,第 16~17 行定义参数列表,“clon”为中心经度(读者可自行设置),“clat”为中心纬度(仅正射投影使用)。

```
18    levels = list(range(-100,110,20))
19    levels.remove(0)
20    fig = plt.figure(figsize=(8.5,11))
```

第 18~20 行,设置数据的等值线列表,建立画布。

```
21    for i,proj in enumerate(crs):
22        title = proj
23        parm0 = 'central_longitude='+str(clon[i])
24        name = proj.split('.')[1]
25        if name in ['Orthographic']:
26            parm = \
27             ','.join([parm0,'central_latitude='+str(clat)])
28            title += '\n central_latitude='+str(clat)
29        elif name in ['InterruptedGoodeHomolosine']:
30            if i==4:
31                parm = ','.join([parm0,"emphasis='land'"])
32                title += "\n emphasis='land'"
33            else:
34                parm = ','.join([parm0,"emphasis='ocean'"])
35                title += "\n emphasis='ocean'"
36        else:
37            parm = parm0
38        proj += '('+parm+')'
39        print(proj)
ccrs.PlateCarree(central_longitude=180)
ccrs.Orthographic(central_longitude=100,central_latitude=30)
ccrs.Mollweide(central_longitude=90)
ccrs.Robinson(central_longitude=120)
ccrs.InterruptedGoodeHomolosine(central_longitude=0,emphasis='land')
ccrs.InterruptedGoodeHomolosine(central_longitude=0,emphasis='ocean')
```

第 21 行，建立 for 循环，遍历投影方式字符串列表。第 22 行，利用“title”变量存储投影方式字符串。第 23 行，定义参数的字符串，此处定义了中心经度。第 24 行，利用字符串的“split()”函数，仅取投影方式字符串的“ccrs.”以后的部分。

第 25~39 行，利用 if 语句为不同的投影方式提供不同的参数。当投影字符串为正射投影时（第 26~27 行），设置“parm”变量带有中心经度和中心纬度，第 28 行加上中心纬度；当投影方式是等面积投影时（第 30~35 行），将第 5 张子图（“i=4”）设成强调陆地（第 31 行），并为标题加上强调陆地的说明；同理，设第 6 张子图强调海洋(第 34~35 行)。如果不是上述 2 种投影方式，仅需要设置中心经度（第 37 行）。

第 38 行，将投影方式的字符串加上带括号的参数字符串得到“proj”变量，注意它是一个字符串。第 39 行，将输出 5 个以“ccrs.”开头的字符串，这些字符串的设置与“projectioin”参数的设置相似。此时，需要使用“eval()”内置函数将字符串变成 Python 语句。

```
40          proj = eval(proj)
```

第 40 行，使用“eval()”函数将“proj”变量的字符串变成 Python 语句，可以发现这个函数的参数就是字符串，而字符串必须是一个 Python 语句。当然，读者也可以换一种操作，为“projection”选项分别设置不同的参数用来体验不同的投影方式。

```
41          ax = fig.add_subplot(3,2,i+1,projection=proj)
42          ax.contour(lon,lat,dat,levels=levels,
43                     colors='gray',
44                     transform=ccrs.PlateCarree())
45          ax.coastlines()
46          ax.set_title('('+chr(ord('a')+i)+') '+title)
47      fig.subplots_adjust(wspace=0.05,hspace=-0.1)
```

第 41 行建立坐标系，注意到第三个参数是“i+1”；第 21 行，对投影方式的字符串进行计数，而“fig.add_subplot()”函数的第三个参数需从 1 开始。对于“projection”参数，须是 Cartopy 中的某一投影方式，而不是字符串。因此，第 40 行利用“eval()”函数把字符串变成 Python 语句，使得“proj”成为 Cartopy 的投影方式语句。第 42~47 行，画图并调整子图间隔(图 4.24)。当然，图 4.24b 不能算全球投影而是半球投影。表 4.3 给出了常用的全球投影方式，其余请参考表格标题中的链接。第 46 行，在为子图标注序号时用到了 2 个内置函数“chr()”和“ord()”，分别用来将整数编号变成它代表的字符和把字符变成整数，请读者思考这样写代码的好处。

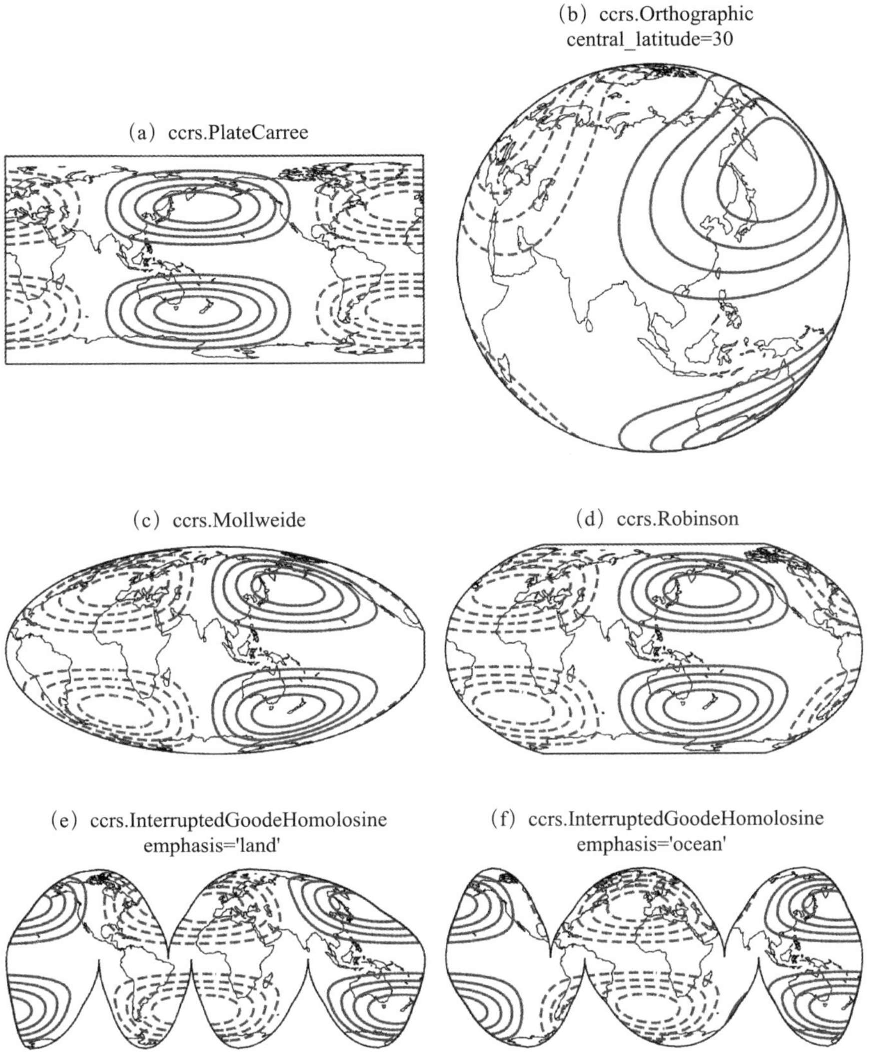

图 4.24　不同的全球(或半球)投影方式

表 4.3　常用的全球(或半球)投影方式(函数)
(https://scitools.org.uk/cartopy/docs/latest/reference/projections.html)

投影参数	含义
ccrs.PlateCarree()	圆柱投影(参数中心经度)
ccrs.Orthographic()	正射投影
ccrs.Mollweide()	摩尔维特投影
ccrs.Robinson()	罗宾逊投影
ccrs.InterruptedGoodeHomolosine()	等面积投影(强调海洋或陆地)

从图 4.24 的绘制代码可以看到，Python 是一种非常灵活的语言，就如“Python 之禅”所说，一定有最优方案。读者在熟练掌握 Python 之后，也许可以发现更好的方案用来绘制相似的图形。

本书将介绍墨卡托、兰勃特和极射赤面 3 种常用的区域投影方式的绘制（图 4.25）。

```
1  import matplotlib.pyplot as plt
2  import cartopy.crs as ccrs
3  import xarray as xr
4  if __name__=='__main__':
5      ds = xr.open_dataset('wave.grib2.nc')
6      dat = ds['gh'].loc['2100-06-01']
7      lon = dat['longitude']
8      lat = dat['latitude']
```

第 1~8 行，导入模块和数据。

```
9      crs = [ccrs.LambertConformal(central_longitude=105.0,
10           central_latitude=45.0, standard_parallels=(30,60)),
11           ccrs.Mercator(),
12           ccrs.NorthPolarStereo(central_longitude=180.0),
13           ccrs.SouthPolarStereo(central_longitude=180.0)]
14     title = ['ccrs.LambertConformal',
15             'ccrs.Mercator',
16             'ccrs.NorthPolarStereo',
17             'ccrs.SouthPolarStereo']
18     ext = [[70,140,20,70],
19           [70,140,-25,25],
20           [0,360,45,90],
21           [0,360,-90,-45]]
```

第 9~21 行，与前面不同，此处直接建立投影（第 9~13 行）、标题（第 14~17 行）和范围的列表（第 18~21 行）。其中，投影方式直接提供了参数，只有兰勃特投影方式的参数较为复杂，需要中心的经纬度以及 2 条参考线的纬度（“standard_parallels”）；其余的投影方式仅需提供中心的经度。

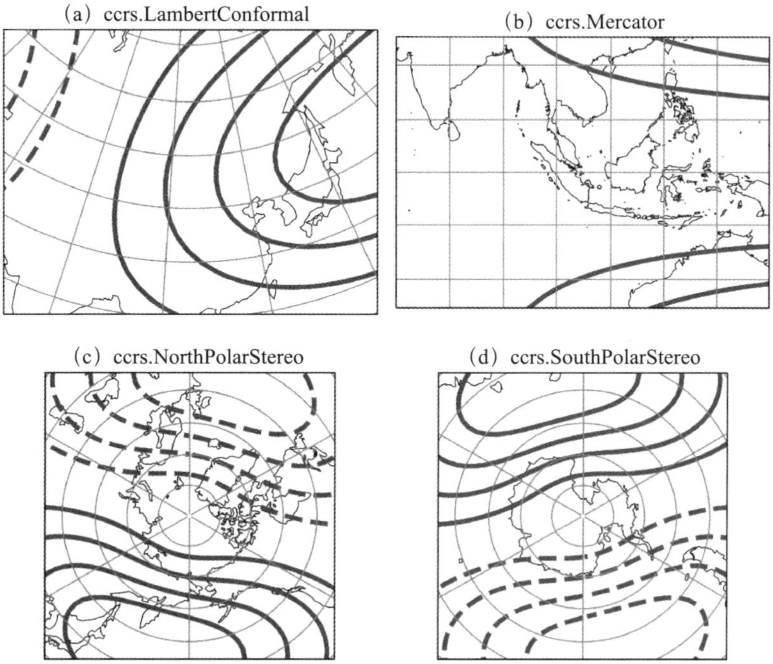

图 4.25　几种区域投影方式

(a)兰勃特投影;(b)墨卡托投影;(c)极射赤面投影(北极);(d)极射赤面投影(南极)

```
22      levels = list(range(-100,110,20))
23      levels.remove(0)
24      fig = plt.figure(figsize=(8.5,11))
25      for i,proj in enumerate(crs):
26          ax = fig.add_subplot(3,2,i+1,projection=proj)
27          ax.contour(lon,lat,dat,levels=levels,
28                     colors='gray',linewidths=3,
29                     transform=ccrs.PlateCarree())
30          ax.coastlines()
31          ax.set_extent(ext[i],ccrs.PlateCarree())
32          ax.set_title('('+chr(ord('a')+i)+') '+title[i])
33          ax.gridlines()
34      fig.subplots_adjust(wspace=0.05,hspace=0.2)
```

第 22~34 行,通过 for 循环遍历投影方式,完成绘图(图 4.25)。其中,第 33 行使用“ax.gridlines()”函数绘制网格线,为投影提供参考。第 28 行,加粗等值线以便与网格线进行区分。

表 4.4 列出了图 4.25 用到的 4 种投影方式，Cartopy 还提供了很多其他投影方式，对于已经介绍的投影方式还有一些其他参数可以设置，有需要的读者可以利用表格标题中的链接进行深入了解。

表 4.4　几种常用的区域投影方式（函数）

（https://scitools.org.uk/cartopy/docs/latest/reference/projections.html）

投影参数	含义
ccrs.LambertConformal ()	兰勃特投影
ccrs.Mercator ()	墨卡托投影
ccrs.NorthPolarStereo ()	极射赤面投影（北极）
ccrs.SouthPolarStereo ()	极射赤面投影（南极）

在了解了一些常用的投影后，通过下面的代码感受一下“projection”和“transform”两个独立的设置。例如，一个兰勃特投影网格，*x* 方向 81 个格点，*y* 方向 51 个格点，格距为 90 km，以（105°E，30°N）为中心，参考纬度为 30°N 和 45°N，在不同的“projection”设置下表现不同，但是绘图函数的“transfrom”参数设置是一致的。下面这段代码利用“fill()”函数将网格区域填成灰色（图 4.26 和图 4.27）。

```
import matplotlib.pyplot as plt
import cartopy.crs as ccrs
import numpy as np
if __name__=='__main__':
    m,n = 81,51   # Grids
    dx = 90000    # units: meter
    x1,y1 = m//2*dx,n//2*dx
    x0,y0 = -1*x1,-1*y1
    x = [x0,x1,x1,x0,x0]
    y = [y0,y0,y1,y1,y0]
    #x2 = np.arange(x0,x1+dx,dx)
    #y2 = np.arange(y0,y1+dx,dx)
    #x, y = np.meshgrid(x2,y2)
    #x = np.hstack((x[0,:],x[:,-1],x[-1,::-1],x[::-1,0]))
    #y = np.hstack((y[0,:],y[:,-1],y[-1,::-1],y[::-1,0]))
```

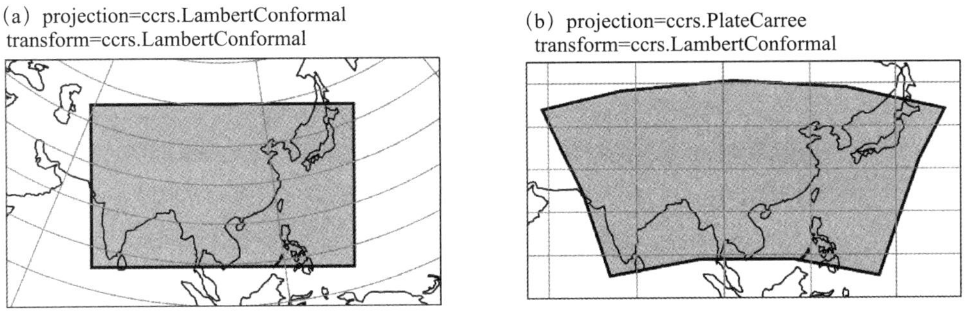

图 4.26　进一步了解“projection”和“transform”

第 1~3 行导入模块。第 5~6 行设置格点数和格距。第 8~10 行，设置格点的 4 个端点，将其保存在列表“x”和“y”中，用于绘图。第 11~15 行，用于设置更精细的边界(已被注释，请读者自行尝试了解)。

```
16  fig = plt.figure(figsize=(11,8.5))
17  crs = [ccrs.LambertConformal(central_longitude=105.,
18    central_latitude=30.,standard_parallels=(15,45)),
19    ccrs.PlateCarree()]
20  title = ['ccrs.LambertConformal','ccrs.PlateCarree']
```

第 16~20 行，建立画布，定义投影方式列表和标题列表。

```
21  for i in range(2):
22      ax = fig.add_subplot(2,2,i+1,
23              projection=crs[i])
24      ax.fill(x,y,
25              facecolor='lightgrey',
26              edgecolor='k',linewidth=2,
27              transform=crs[0])
28      ax.coastlines()
29      ax.set_extent([55,155,0,55],
30              ccrs.PlateCarree())
31      gl = ax.gridlines()
32      ax.set_title('('+chr(ord('a')+i)+') '+
33              'projection='+title[i]+
```

```
34                  '\ntransform='+title[0],
35                  loc='left')
```

第 21~35 行,与前面相似,进行绘图。可以注意到,第 23 行“projection”的参数在变化,第一次是“ccrs.LambertConformal”,第二次是“ccrs.PlateCarree”,这一行的参数决定了投影方式。然而,第 27 行“transform”无论是第几次循环均为“crs[0]”,即“ccrs.LambertConformal”,因为第 24 行提供的“x”和“y”是兰勃特投影下距中心的距离(单位:米)。

图 4.26 给出了绘出的图形,图 4.26a 是兰勃特投影,上面的格点是等距的;图 4.26b 是圆柱投影,虽然等距,但是对应的经纬度格点并不相等。图 4.26b 仅给出 4 个点,用其绘制的边界较粗糙。若将代码中的第 11~15 行注释取消,可得到较为精细的边界,请读者通过前面所学的知识弄清楚第 11~15 行的含义并绘出图形(图 4.27)。

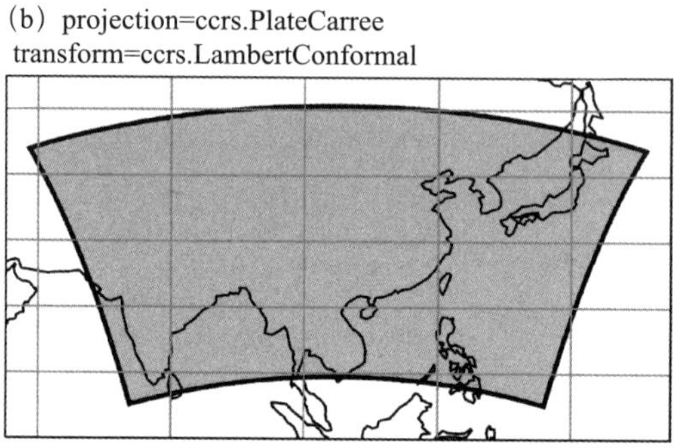

图 4.27　换成精细边界

(3)坐标轴刻度

除海岸线外,坐标轴刻度是图形的另一重要参考。Cartopy 为图形提供了 2 种绘制坐标刻度的方法。

第一种,利用“ax.gridlines()”绘制坐标(图 4.28)。

```
import matplotlib.pyplot as plt
import cartopy.crs as ccrs
def drawticks(fig,i):
    ax = fig.add_subplot(2,2,i,projection=ccrs.PlateCarree())
    ax.set_extent([70,140,10,60],ccrs.PlateCarree())
    ax.coastlines()
    ax.text(133,12,'('+chr(ord('a')+i-1)+')',fontsize=15)
```

```
8	    return ax
9	if __name__=='__main__':
10	    fig = plt.figure(figsize=(11,8.5))
11	    ax = drawticks(fig,1)
12	    gl = ax.gridlines(draw_labels=True)
```

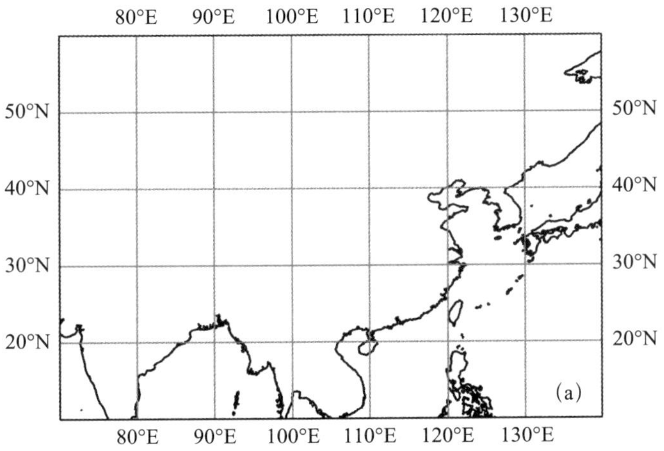

图 4.28　快速绘制刻度值

第 1~11 行在前面多次使用，仅是将绘制地图部分写成子函数“drawticks()”。该函数以画布和子图序号为参数（第 3 行），首先建立带投影的坐标系（第 4 行），其次设置绘图范围、绘制海岸线和为子图标号（第 5~7 行），最后返回坐标系（第 8 行）。在主函数中，第 11 行调用了绘图函数，绘制第一个子图。第 12 行，调用了绘制网格线的函数，第一个参数“draw_labels”设置成“True”，可快速绘制刻度值（图 4.28）。此外，可使用“linestyle”“linewidth”和“color”参数设置网格线的线型、线宽和颜色，用法与“ax.plot()”的同名参数完全一致，此处不进行演示，请读者自行调试。

“ax.gridlines()”函数新旧版本的 Cartopy 参数有所差异，不过它的附带属性可用于进一步设置刻度的表现，读者可以使用“dir(gl)”进行查看。这里仅介绍几个常用属性。

```
13	    print(dir(gl))
（输出略）
```

利用“bottom_labels”“left_labels”“right_labels”和“top_labels”4 个附带属性设置坐标轴刻度的显示，它们均为布尔值。下段代码中取消上部和右侧的坐标刻度，同理，也可以取消左侧和下部的刻度值。

```
14  ax = drawticks(fig,2)
15  gl = ax.gridlines(draw_labels=True)
16  gl.top_labels = False
17  gl.right_labels = False
```

第 14~15 行，调用前面定义的子函数绘制海岸线和刻度。第 16~17 行取消了上部和右侧的刻度值（图 4.29）。

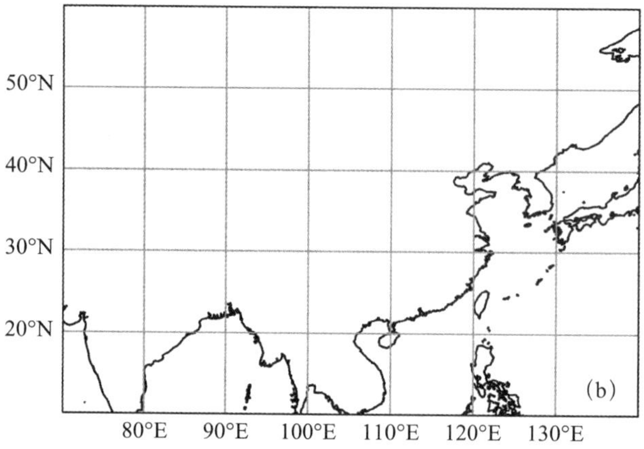

图 4.29　取消上部和右侧的刻度值

利用“rotate_labels” “xlim”和“ylim”可以分别对 x 轴的刻度值进行旋转和修改 x 轴、y 轴刻度的范围。

```
18  ax = drawticks(fig,3)
19  gl = ax.gridlines(draw_labels=True)
20  gl.rotate_labels = True
21  gl.xlim = [70,140]
22  gl.ylim = [10,60]
```

第 20 行，旋转 x 轴，它的值仅有“True”和“False”。第 21~22 行，设置 x 轴和 y 轴刻度值的范围（图 4.30）。改变刻度的范围并不会改变绘图的范围，它仅改变刻度值的取值范围，默认使用自动间隔。一般使用“gridlines()”进行快速的刻度显示（后续将在第二种绘制刻度方法中介绍如何设置刻度的间隔）。最后，可以利用“xlines”和“ylines”取消网格线。

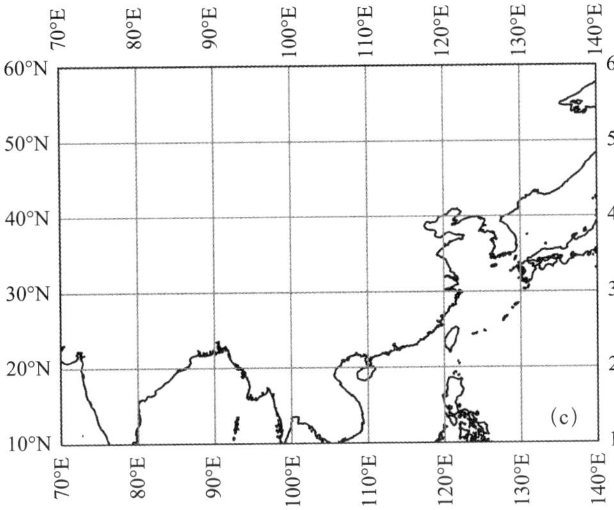

图 4.30　旋转的 *x* 轴刻度和刻度值范围调整

```
23    ax = drawticks(fig,4)
24    gl = ax.gridlines(draw_labels=True)
25    gl.xlines = False
26    gl.ylines = False
```

第 25~26 行,分别取消 *x* 轴和 *y* 轴的网格线(图 4.31)。另外,利用"inline_labels""x_inline"和"y_inline"还可以将刻度值标在坐标框的内侧,3 个参数均为布尔值,此处不进行介绍。

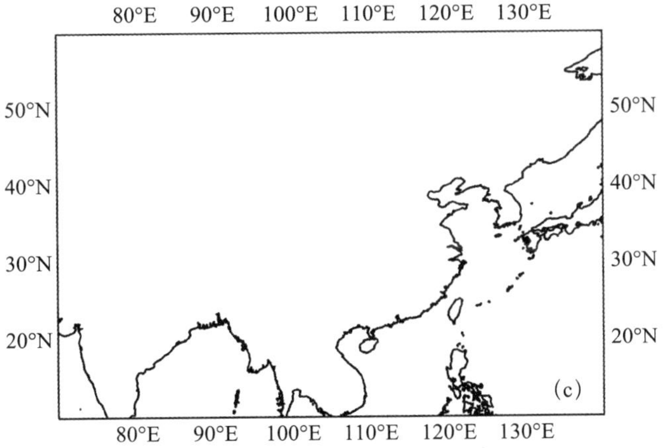

图 4.31　取消网格线

跟着一起操作的读者,此时应当在画布中得到一个有 2×2 个子图的图形。可以通过“fig.subplots_adjust()”函数,避免子图间坐标刻度叠加,或者子图间空白较大。

此外,通过调整“plt.figure()”函数“figsize”的大小和“ax.add_subplot()”函数子图的个数,可以调整坐标刻度显示大小的问题。例如,“figsize”越大,坐标刻度显示越小。

图 4.31 虽然有了坐标刻度,但却没有刻度线,不建议绘制图 4.31 这样的图形,很难分辨坐标的具体位置。但有时不需要绘出网格线,因为它可能影响图中的数据信息。

下面介绍 Cartopy 第二种显示刻度的方法,它显示刻度线但可以没有网格线,包括主刻度和副刻度(图 4.32 和图 4.33)。

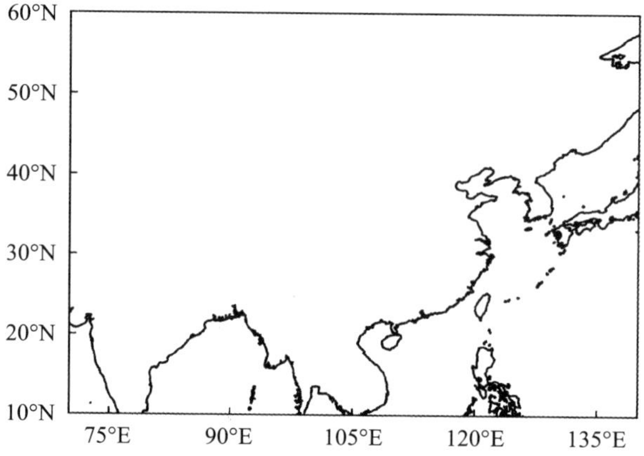

图 4.32　刻度及主刻度值

```
1  import matplotlib.pyplot as plt
2  import matplotlib.pyplot as plt
3  import cartopy.crs as ccrs
4  from cartopy.mpl.ticker import LatitudeFormatter,\
5                                 LongitudeFormatter
6  import numpy as np
```

第 1~5 行导入模块,由于图书页面限制,第 4~5 行使用了续行符“\”,读者完全可以将其写成一行;同时,第 4~5 行,导入了“cartopy.mpl.ticker”的 2 个函数“LatitudeFormatter”和“LongitudeFormatter”,分别用于设置坐标刻度值的格式。其实,上述函数利用本章开始介绍的图形要素设置方法也可以写出,既然 Cartopy 提供了相应的函数,便可直接使用它们。

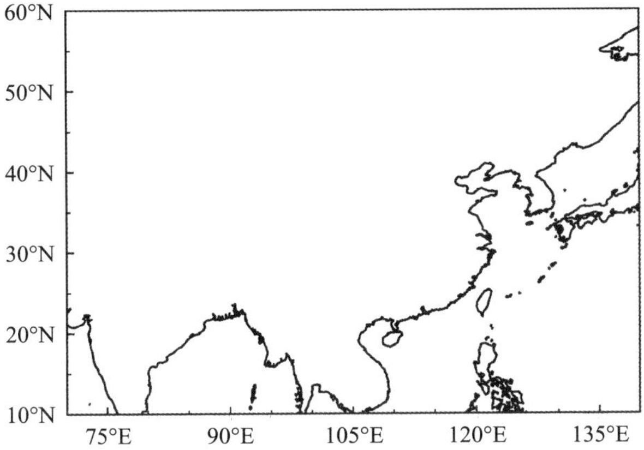

图 4.33 副刻度

```
7   if __name__=='__main__':
8       fig = plt.figure(figsize=(11,8.5))
9       ax = fig.add_subplot(2,2,1,
10                          projection=ccrs.PlateCarree())
11      ax.coastlines()
```

第 7~11 行，在坐标系内绘制海岸线。

```
12      ax.set_xticks(np.arange(60,151,15),
13                    crs=ccrs.PlateCarree())
14      ax.set_yticks(np.arange(10,61,10),
15                    crs=ccrs.PlateCarree())
16      lonf = LongitudeFormatter()
17      latf = LatitudeFormatter()
18      ax.xaxis.set_major_formatter(lonf)
19      ax.yaxis.set_major_formatter(latf)
20      ax.set_extent([70,140,10,60],ccrs.PlateCarree())
```

第 12~19 行设置刻度和刻度值。“ax.set_xticks()”和“ax.set_yticks()”2 个函数与本章开始介绍的图形要素中的函数一致，但是需要加上“crs”参数，此参数与前面绘图函数使用的“transform”参数类似，使用经纬度坐标时需用“PlateCarree()”投影。2 个函数（第 12 行和第 14 行）的第一个参数是一个顺序的一维序列，此处用 Numpy 的“arange()”函数分别生成了经度序列和纬度序列，同时分别设置了 15° 和 10° 的间隔。第 16~17 行利用 “LatitudeFormatter” 和 “LongitudeFormatter” 函数生成经纬度的格式，2 个函数有多个参数，它们的默认值已满足日常使用；生成的格式 “lonf” 和 “latf” 作为第 18~19 行 2 个函数的参数，用于设置坐标主刻度的格式。第 20 行设置绘图范围。需要注意，绘图范围的设置要放在刻度设置之后，因为当绘图范围不是全球时，设置刻度值时会改变绘图范围（图 4.32）。

为使刻度信息更加丰富，还可以将副刻度绘制在坐标轴上，为图形进一步提供参考。此时，需要 “matplotlib.ticker” 的 “MultipleLocator()” 函数。

```
21      from matplotlib.ticker import MultipleLocator
22      ax.xaxis.set_minor_locator(MultipleLocator(5))
23      ax.yaxis.set_minor_locator(MultipleLocator(5))
```

第 21 行导入 “MultipleLocator()” 函数。第 22~23 行绘制副刻度，可以看到 “MultipleLocator()” 函数的输入参数值是副刻度的间隔，此处取 5° 作为间隔（图 4.33）。

（4）陆地和海洋

有时，仅需要显示陆地或海洋上的数据，此时需将海洋或陆地上的图形进行掩盖。通过前面的学习，相信读者能够读懂相对复杂的代码和绘制要素较全的图形，本小节尽量将图形上各个要素都加上，同时介绍一些绘图小技巧，包括子图共享 colorbar。下面继续使用 “wave.grib2.nc” 数据。

```
1   import matplotlib.pyplot as plt
2   import cartopy.crs as ccrs
3   from cartopy.mpl.ticker import LatitudeFormatter,\
4                                  LongitudeFormatter
5   from matplotlib.ticker import MultipleLocator
6   import cartopy.feature as cfeature
7   import numpy as np
8   from netCDF4 import Dataset
```

第 1~8 行导入需要的模块。所有模块的使用在前面章节均有涉及，仅有第 6 行 “cartopy.feature” 模块没有介绍，它用于绘制整块的海洋和陆地，还可以绘制河流和国界，此处仅介绍绘制海洋和陆地，对其他部分感兴趣的读者可以通过 Cartopy 网站进行深入了解，具体用法大同小异。

第 8 行,顺带复习一下 netCDF4 模块的用法。

```
9   def readat(pth):
10      with Dataset(pth) as f:
11          gh = f.variables['gh'][0]
12          lon = f.variables['longitude'][:]
13          lat = f.variables['latitude'][:]
14      return lon,lat,gh
```

第 9~14 行,利用 netCDF4 模块读入第一个时次的数据。

```
15  def getcmap(n_bin):
16      from matplotlib.colors import LinearSegmentedColormap
17      colors = ['gray','w','gray']
18      cmap=LinearSegmentedColormap.from_list('gwg',colors,N=n_bin)
19      return cmap
```

第 15~19 行,建立自己的灰色 colorbar。考虑到图书的成本,编者决定不采用任何彩图,并做到尽量让每个图形清晰,读者完全可以采用彩色的 colorbar。

```
20  def drawc(fig,lon,lat,dat,i):
21      cmap = getcmap(21)
22      levels=list(range(-100,101,20))
23      ax = fig.add_subplot(2,2,i,
24                projection=ccrs.PlateCarree())
25      h = ax.contourf(lon,lat,dat,levels=levels,
26                      extend='both',cmap=cmap,
27                      transform=ccrs.PlateCarree(),
28                      zorder=1)
29      levels.remove(0)
30      ax.contour(lon,lat,dat,levels=levels,
31                 colors='grey',linewidths=2,
32                 transform=ccrs.PlateCarree(),
33                 zorder=1)
```

```
34        ax.coastlines(zorder=1.1)
35        xticks = np.arange(-180,181,60)
36        ax.set_xticks(xticks,
37                    crs=ccrs.PlateCarree())
38        if i>=3:
39            lonf = LongitudeFormatter()
40            ax.xaxis.set_major_formatter(lonf)
41        else:
42            ax.set_xticklabels(['' for x in xticks])
43        ax.xaxis.set_minor_locator(MultipleLocator(10))
44        yticks = np.arange(-90,91,30)
45        ax.set_yticks(yticks,
46                    crs=ccrs.PlateCarree())
47        if i%2==1:
48            latf = LatitudeFormatter()
49            ax.yaxis.set_major_formatter(latf)
50        else:
51            ax.set_yticklabels(['' for x in yticks])
52        ax.yaxis.set_minor_locator(MultipleLocator(10))
53        ax.text(-170,70,'('+chr(ord('a')+i-1)+')',
54               backgroundcolor='w',
55               fontsize=12)
56        return ax,h
```

第20~56行，定义绘图函数，输入参数有画布、经纬度和序号。第21行调用生成“colormap”的函数。第22行定义等值线范围。第23~34行，绘制等值线和等值线填色，设置“zorder=1”，绘制海岸线，设置“zorder=1.1”。第35~43行，绘制 x 轴的刻度，可以注意到此处使用了if语句，当序号大于或等于3时绘制刻度值，否则刻度值变成空字符，这里涉及的所有函数均在前面介绍过。第44~52行，绘制 y 轴的刻度，当序号值的余数是1时，即最左侧的子图才绘制 y 轴的刻度。由此可见，编程重在举一反三，灵活运用。第53~55行，为图设置序号。第56行，返回填色图的句柄和坐标系，方便后面进一步绘图。

```
57    if __name__=='__main__':
58        lon,lat,dat = readat('wave.grib2.nc')
```

```
59      fig = plt.figure(figsize=(11,8.5))
60      ax, h = drawc(fig,lon,lat,dat,1)
61      lon = np.concatenate((lon,[360]))
62      dat = np.concatenate((dat,dat[:,0:1]),axis=1)
63      ax, h = drawc(fig,lon,lat,dat,2)
64      ax, h = drawc(fig,lon,lat,dat,3)
65      ax.add_feature(cfeature.OCEAN,
66                    facecolor='w',edgecolor='k',
67                    linewidth=0.5,
68                    zorder=1.2)
69      ax, h = drawc(fig,lon,lat,dat,4)
70      ax.add_feature(cfeature.LAND,
71                    facecolor='w',edgecolor='k',
72                    linewidth=0.5,
73                    zorder=1.2)
74      fig.subplots_adjust(hspace=-0.45,wspace=0.08)
75      cax = fig.add_axes([0.1,0.18,0.8,0.02])
76      plt.colorbar(h,cax=cax,orientation='horizontal')
```

第 57~76 行是主函数。第 58 行调用读入数据的子函数。第 59 行建立画布。第 60 行绘出第一个子图(图 4.34a)。

可以注意到,图 4.34a 在经度 0° 有一条白线,这是由于“contourf()”函数在绘制等值线时,经度的最后一个值并未到 360°。因此,第 61~62 行,利用 Numpy 的函数“concatenate()”拓展经度和数据。此函数主要需要 2 个参数,第一个参数是需要合并数组的列表或元组,要求这些数组的维度必须一致;维度一致后对于不合并的维度,其长度必须一致。比如,第 62 行,“dat”的大小是 73 × 144,“dat[:,0:1]”的大小是 73 × 1,两者都是二维的,不合并的第 0 维相同,需要合并第 1 维。因此,还需要设置第二个参数“axis”,默认值是 0。合并后“dat”变成 73 × 145,由原来的 0°~357.5° 变成 0°~360°。由此绘制的图 4.34b(第 63 行)就没有经度 0° 附近的白线了。

第 64~73 行,只显示陆地或者海洋。第 65 行和第 70 行,利用函数“ax.add_feature()”,第一个参数使用导入的“cfeature”的附带属性,常用“LAND”和“OCEAN”,注意区分大小写,其余的参数与“fill()”函数完全相同。如果将“OCEAN”填成白色(或其他颜色),留下陆地(图 4.34c);如果将“LAND”填色,留下海洋(图 4.34d)。

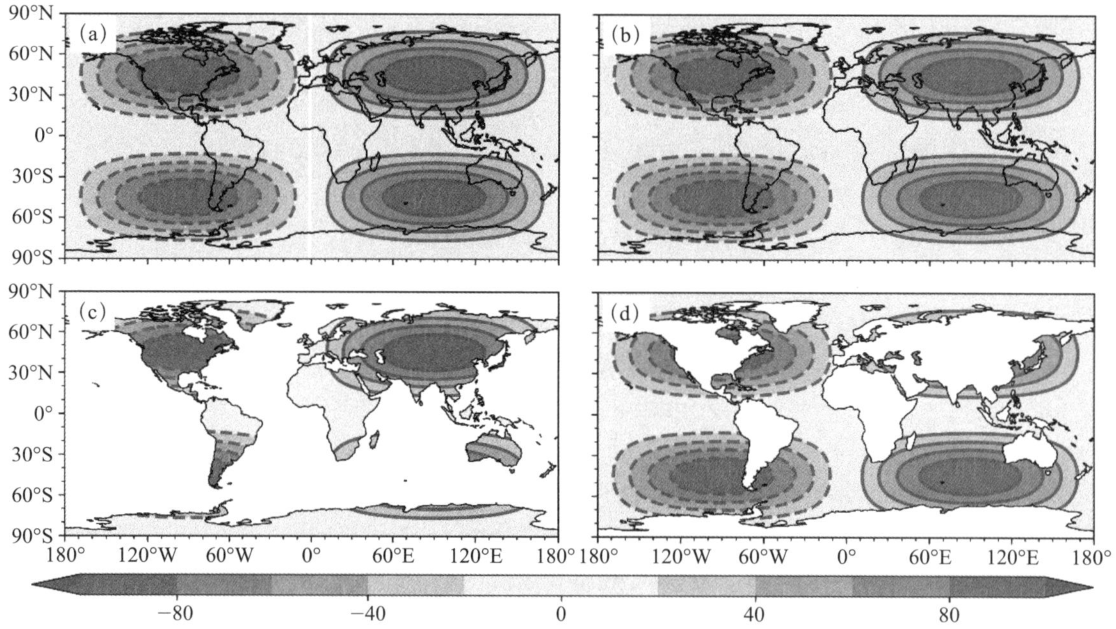

图 4.34　陆地和海洋的填色

最后，4 张子图共享同一个 colorbar。若想共享 colorbar，4 张子图填色时设置的“levels”或“pcolor()”的“vmin”和“vmax”必须完全一致，若不一致则不能称之为共享。请读者务必保证这一点，这是初学者常犯的严重错误之一。保证这一点后，利用“fig.add_axes()”函数在画布上加一个小坐标系（第 75 行），它的第一个参数是一个四元素列表，列表的前 2 个元素表示坐标系左下角在画布中的坐标值（取值范围 0~1）；后 2 个元素分别表示坐标系的宽度和高度（取值范围 0~1）。此函数也有“projection”参数，将在后面进行介绍。第 76 行，使用“plt.colorbar()”函数绘制 colorbar，比起前面介绍的用法仅多了个“cax”参数，其值在第 75 行已经定义。

(5) 中国国界

在 Cartopy 默认的“.shp”文件里，中国国界是基于美国 CIA 提供的数据，该数据涉及中国国界和周边个别国家的国界是错误的。绘制正确的中国国界，需使用正确的“.shp”文件（https://www.webmap.cn/）。在使用“.shp”数据进行绘图时，需用到“cartopy.io.shapereader()”函数。若仅想在中国区域内填色或绘图，可在绘图后将中国以外的图形进行类似海洋和陆地的掩盖处理，须用到 shapely 中的“geometry.Polygon()”函数。Cartopy 是在 shapely 的基础上编写的，在安装 Cartopy 的时候 shapely 已自动安装。

同样，继续使用“wave.grib2.nc”数据进行示例。

```
import matplotlib.pyplot as plt
```

```
2   import cartopy.crs as ccrs
3   import cartopy.io.shapereader as shpreader
4   from shapely.geometry import Polygon
5   import xarray as xr
6   import numpy as np
```

第 2~4 行，导入 Cartopy 模块的“io.shapereader()”函数和“shapely.geometry()”函数的“Polygon()”函数。余下是已介绍过的用于绘图和读数据的模块，不再赘述。

```
7   if __name__=='__main__':
8       ds = xr.open_dataset('wave.grib2.nc')
9       dat = ds['gh'].loc['2100-06-01']
10      lon = dat['longitude']
11      lat = dat['latitude']
```

第 8~11 行读入数据，此处利用了 DataArray 的“loc”属性选取 2100 年 6 月的数据。

```
12      fig = plt.figure()
13      ax = fig.add_subplot(1,1,1,
14                projection=ccrs.PlateCarree())
15      h = ax.contourf(lon,lat,dat,cmap='gray',
16                    levels=np.arange(-100,101,20),
17                    extend='both',
18                    transform=ccrs.PlateCarree())
19      ax.set_extent([70,140,0,60],ccrs.PlateCarree())
20      gl = ax.gridlines(draw_labels=True)
21      gl.top_labels=False
22      gl.right_labels=False
```

第 12~14 行建立画布和坐标系；第 15~18 行绘制等值线填色图；第 19 行选取绘图显示的区域，第 20~22 行用“gridlines()”给出坐标轴的刻度。

```
23      shp_china = shpreader.Reader('simple_china.shp')
24      ax.add_geometries(shp_china.geometries(),ccrs.PlateCarree(),
```

```
25                             facecolor='none',edgecolor='k',
26                             linewidth=1,zorder=1.1)
27    shp_ninedots = shpreader.Reader('nine_dots.shp')
28    ax.add_geometries(shp_ninedots.geometries(),
29                      ccrs.PlateCarree(),
30                      facecolor='none',edgecolor='k',
31                      linewidth=1,zorder=1.2)
```

第 23~26 行，利用“shpreader.Reader()”函数读取中国国界，用“.shp”文件作为参数（书中绘图使用的“.shp”文件可从作者主页下载：https://faculty.nuist.edu.cn/zhouyang/zh_CN/zdylm/210558/list/index.htm）。需要注意，与“.shp”文件同时使用的还有“.shx”和“.dbf”文件，读者如有“.shp”文件，需要注意这 3 个后缀的同名文件是否齐全。读入“.shp”文件后，返回的“shp_china”包含了“geometries()”函数，为“ax.add_geometries()”函数提供了地图信息，用于绘图（图 4.35）。

“ax.add_geometries()”函数需要输入多个参数。第一个参数是“shpreader.Reader()”读出的“geometries()”；第二个参数是坐标投影转换方式（第 24 行），此“.shp”文件存放的是经纬度数据，需要使用“ccrs.PlateCarree()”。剩下的参数（第 25 行）定义地图内填色和地图边界线颜色，地图内填色（“facecolor”）默认蓝色，此处将透明度设为“none”，否则数据图形会被

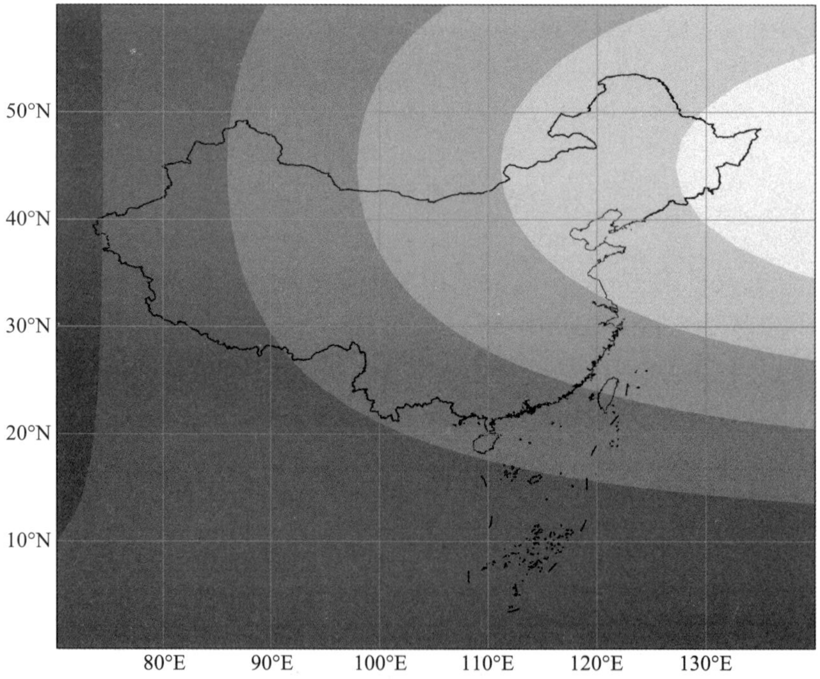

图 4.35　中国地图

掩盖；地图边界线颜色（“edgecolor”）默认为透明，要绘出需设置颜色，此处设为“k”。第 26 行，“linewidth”用于定义地图边界线的线宽，与折线图中的“linewidth”相同。第 24~26 行，将“shp_china”的“geometries()”输入，定义填色为透明，地图边界为黑色，线宽为“1”。同时，将绘图的“zorder”设置为“1.1”，比等值线填色图层略高。

同样，第 27~31 行，读出九段线的经纬度数据，并将其画成黑色（图 4.35）。这里将绘图的“zorder”设置为“1.2”，防止后面将中国以外填色时将九段线覆盖。若想将中国以外区域的内容掩盖（图 4.36），需要使用到 shapely 模块的“geometry.Polygon()”函数。

```
32    china = []
33    for x in shp_china.geometries():
34        for y in x.geoms:
35            tmp = y.exterior.coords[:]
36            china.append(tmp[::-1])
37    world = [[-180,90],[180,90],[180,-90],[-180,-90]]
38    out = Polygon(world,china)
39    ax.add_geometries(iter([out]),ccrs.PlateCarree(),
40                          facecolor='w',edgecolor='k',
41                          linewidth=1,zorder=1.1)
```

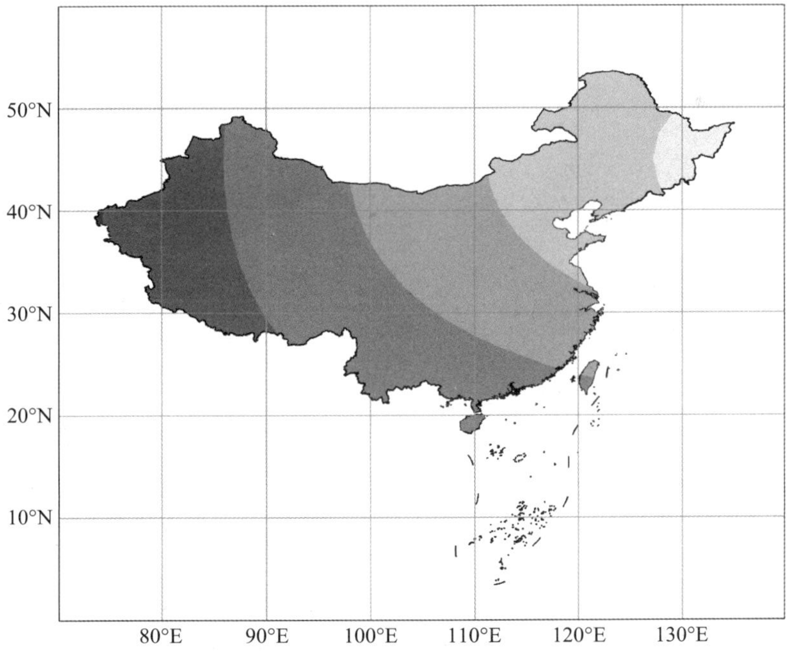

图 4.36　仅显示中国区域内的数据

第 32~41 行，利用“shaply.geometry”的“Polygon()”函数将中国以外区域填成白色。“Polygon()”函数需要 2 个参数，依次是“shell”和“holes”。第 31~35 行，将中国区域变成“holes”，将已有的 shp_china 中的中国地图存入“china”列表；第 32 行，遍历“shp_china”的“geometries()”，每次得到的图形赋予“x”，它又包括多个子图形；第 33 行，利用“y”遍历“x”的“geoms”；第 34 行，将图形的最外围坐标读出，然后在第 35 行存入“china”列表。需要注意的是，一般图形的坐标是按照顺时针存储的，作为“holes”需要逆时针存储，因此，第 35 行将“tmp”进行了反序处理。

第 37 行，建立“Polygon()”函数的“shell”参数，它是以列表方式顺时针存储的全球 4 个端点。第 38 行，利用“Polygon()”函数建立一个图形，包含全球除中国以外的区域。第 39~41 行，利用“ax.add_geometries()”将中国以外区域填成白色，注意“zorder”设置成 1.1，这样不会覆盖前面绘制的九段线。

从前面多个代码发现，在绘图时需要灵活使用“zorder”，以便设置好图层的顺序。“ax.add_geometries()”的第一个参数是以“out”为元素的列表，并使用了内置函数“iter()”。因为“Polygon()”生成的图形不可推导，但是“ax.add_geometries()”的第一个参数需要可以推导，所以利用“iter()”函数将其转换成可推导的列表。从图 4.36 可以看到，中国以外区域被涂成了白色，仅有中国区域有数据信息。

我国海域向南伸展广阔，但陆地基本在 15°N 以北，因此，九段线包含的南海诸岛常画在图形右下角，从而使图形更加美观。此时，可以利用“fig.add_axes()”函数在图形右下角再绘制一个包含南海诸岛的区域(图 4.37)。

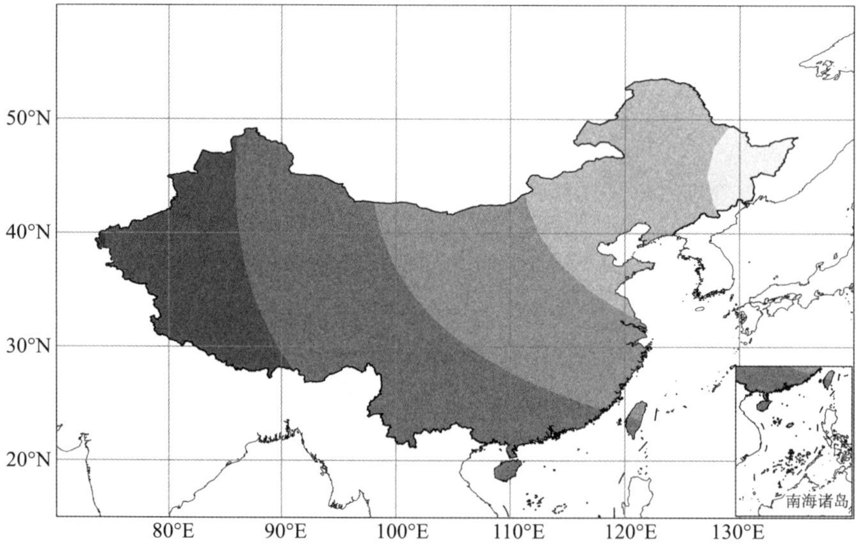

图 4.37　将九段线及南海诸岛绘至图形右下角

(基于出版规范，对此图进行了修改，与程序结果略有出入)

```
42      ax.set_extent([70,140,15,60],ccrs.PlateCarree())
43      ax.coastlines(resolution='50m',color='k')
44      pos = ax._position
45      x1, y0 = (pos.x1,pos.y0)
46      w, h = (pos.x1-pos.x0,pos.y1-pos.y0)
47      cax = fig.add_axes([x1-w*0.24,y0+h*0.08,w*0.3,h*0.3],
48                        projection=ccrs.PlateCarree())
49      cax.set_extent([105,125,0,26],ccrs.PlateCarree())
50      cax.coastlines(resolution='50m')
51      cax.add_geometries(shp_china.geometries(),ccrs.PlateCarree(),
52                       facecolor='none',edgecolor='k',
53                       linewidth=1,zorder=1.1)
54      cax.add_geometries(shp_ninedots.geometries(),
55                       ccrs.PlateCarree(),
56                       facecolor='none',edgecolor='k',
57                       linewidth=2,zorder=1.2)
```

第 42 行，将图形区域重新设置，使最南侧到 15°N。第 43 行绘制海岸线。第 44~46 行，使用“fig.add_axes()”函数在画布上建立一个子坐标系。此处，使用到一个小技巧，用到“ax”坐标系右下角在画布上的坐标和“ax”坐标系在画布上的长和宽。需用到“ax._position”的属性，它包含了“ax”坐标系的 4 个顶点坐标。第 45 行，调用“ax”右下角坐标；第 46 行，计算“ax”在画布上的长和宽，目的是与“ax”坐标系比例相比较。

第 47 行，使用“fig.add_axes()”函数，通过调整第一个参数，以“ax”右下角的相对位置为参考；同时，使得长和宽是“ax”坐标系的 0.3 倍。对于这些参数，不同读者使用的“figsize”或区域有所差异，因此需要根据实际情况调整。第 48 行，设置函数“fig.add_axes()”的第二个参数“porjection”，由此使用 Cartopy 模块的投影进行地图绘制。第 49 行，设置“cax”坐标系的绘图区域。第 50~57 行，与前面在“ax”坐标系中的操作相似，分别绘制了海岸线、岛屿和九段线（图 4.37）。

如果读者有省界、市县界、河流湖泊，或者任何“.shp”文件，利用上述操作均可完成相似的绘图，比如，仅显示江苏省的数据、为图形画上河流等。另外，这些图没有提供 colorbar，读者可以根据前面学过的知识将 colorbar 添上。如需要将其画成多个图中的子图，可通过改变画布的大小，调整相应的图形要素函数进行设置。

4.5　本章小结

本章介绍了如何利用数据绘制图形。绘图前需要建立画布和坐标系,然后在画布和坐标系上绘制图形。绘制图形利用 Matplotlib 提供的绘图函数,对绘图函数和图形要素进行复杂设置可以得到较为美观的高质量图形。

对于气象用户,图形上的地理信息具有重要的参考作用,因此,利用 Cartopy 模块配合 Matplotlib 可以为图形提供丰富的地理信息。表 4.5 汇总了本章使用到的主要绘图函数以及对图形进行高级设置的函数。

表 4.5　常用绘图函数及高级图形设置

分类	函数名	用途
基本函数	ax.plot()	折线图或散点图
	ax.sactter()	散点图
	ax.bar()	柱状图
	ax.hist()	频率图
	ax.boxplot()	箱式图
	ax.contour() 和 ax.clabel()	等值线和等值线值
	ax.contourf() 和 plt.colobar()	等值线填色和色标
	ax.pcolor() 或 ax.pcolormesh()	格点填色
	ax.quiver() 和 ax.quiverkey()	矢量图和矢量参考
加入 Cartopy 投影后的函数	ax.coastlines()	海岸线
	ax.add_geometries()	利用“.shp”文件绘制地理信息
	ax.add_feature()	海洋、陆地、河流和图界的绘制
	ax.set_extent()	设置地图范围
	ax.gridlines()	网格线及刻度

第 5 章　数据处理与分析

如果图形显示是数据的“外表”,那么各种处理和分析方式就是数据的“灵魂”。本章介绍数据处理和分析的方法,包括时间处理、数组变形、数据插值,以及数据的统计分析和动力诊断。需要用到的第三方 Python 模块包括 Numpy、Scipy、Scikit-learn 和 Metpy,安装方式如下:

```
> conda install -c conda-forge numpy scipy scikit-learn metpy
```

5.1　时间处理

时间是数据的重要维度之一,对于气象数据的处理一定会涉及时间问题。本节介绍几种处理时间的方式,一方面方便数据的选取,另一方面便于涉及时间序列的绘图。对于时间数据前面章节有所涉及,但是没有进行详细介绍,Python 处理时间,一般用到 datetime 模块、Numpy 的“datetime64()”函数,以及 netCDF4 模块的“num2date()”和“date2num()”函数。

(1) datetime

首先,介绍 datetime 模块,它是 Python 默认的内置模块。

```
1   import datetime as dt
2   if __name__=='__main__':
3       t0 = dt.datetime(2100, 1, 1, 0, 0, 0,      0)
4       t1 = dt.datetime(2100,12,31,23,59,59,999999)
```

第 1 行,导入 datetime 模块,一般将其缩写成“dt”。其中,一个重要的函数是“datetime()”,用于定义时间,可以得到 datetime 类时间,主要输入参数从左到右依次为年、月、日、时、分、秒和微秒(10^{-6} 秒)。一般来说,不同时间分辨率的数据使用到的参数不同,但是至少需要输入前三个参数,即年、月和日,当数据的时间分辨率较高时,用到时、分、秒和微秒。

例如,第 3 行和第 4 行给出了 2 个时间,“t0”是 2100 年的起始时间,“t1”距 2100 年结束还有 1 微秒。

```
5    print(type(t0))
6    print(t0)
7    print(t1)
<class 'datetime.datetime'>
2100-01-01 00:00:00
2100-12-31 23:59:59.999999
```

第 5 行,从输出的结果可看出,“dt.datetime()”定义的时间是“datetime.datetime”类的,此类数据像 Numpy 的“datetime64”格式一样,可用于 Matplotlib 的绘图。第 6~7 行,打印出时间,从年到微秒,如微秒为 0,则不显示。

“t0”或“t1”还附带一些属性和函数,可使用“dir()”函数查看。常用的属性有“year”“month”“day”“hour”“minute”“second”和“microsecond”,以及常用的 2 个函数“strftime()”和“strptime()”。在进行下面的代码演示前,建议对第 5~7 行进行注释。“hour”请自行偿试。

```
8    print(t1.year,t1.month,t1.day)
9    print(t1.minute,t1.second,t1.microsecond)
2100 12 31
59 59 999999
```

第 8~9 行,输出“t1”的各时间属性,输出结果均为整数。这些整数可以用于时间的判断(稍后介绍)。使用“strftime()”函数可将“datetime.datetime”类转换成字符串。请对第 8~9 行进行注释。

```
10    print(t1.strftime('%Y%m%d %H:%M:%S.%f'))
21001231 23:59:59.999999
```

第 10 行,将“t1”变成字符串,字符串格式与表 4.2 中介绍的字符串格式相同,对于微秒使用“%f”表示 6 位的整数微秒,前面用 0 补齐。相反,使用“strptime()”可以将字符串转换成“datetime.datetime”类。请对第 10 行进行注释。

```
11    t2 = '2100/12/31T23:59:59.999999'
```

```
12    t2 = dt.datetime.strptime(t2,'%Y/%m/%dT%H:%M:%S.%f')
13    print(t2,type(t2))
2100-12-31 23:59:59.999999 <class 'datetime.datetime'>
```

第 11 行，定义时间字符串，使用斜杠“/”作为年月日的间隔，使用“T”隔开日期和小时，最后用“.”与微秒间隔。第 12 行，使用“dt.datetime.strptime()”函数将字符串变成“datetime.datetime”类时间。从第 12 行可以看出，格式要与字符串完全匹配。第 12 行的功能与第 4 行完全一致，但是在实际应用中，如果时间是字符串，就可以利用“strptime()”进行转换。

“datetime.datetime”类是可以进行时间运算的，可能用到“timedelta()”函数。请对第 13 行进行注释。

```
14    t3 = t1-t0
15    print(t3,type(t3))
364 days, 23:59:59.999999 <class 'datetime.timedelta'>
```

第 14 行，对 2 个时间进行相减，得到了“datetime.timedelta”类时间，它是时间间隔。请对第 15 行进行注释。

```
16    print(t3.days,t3.seconds,t3.microseconds)
17    s = t3.seconds
18    print(s//3600,s%3600//60,s%3600%60)
364 86399 999999
23 59 59
```

“datetime.timedelta”类具有 3 个重要属性，分别是间隔时间的总天数（days）、秒（seconds）和微秒（microseconds），但是没有年、月、小时和分钟的间隔，输出结果均为整数（第 16 行）。其中，“t3.seconds”输出表示 23:59:59 的秒数，通过取余和整除运算，可以分别得到时、分、秒（第 17~18 行）。时间之间可以进行减法运算得到时间间隔，时间也可以加减间隔得到新的时间。请对第 16~18 行进行注释。

```
19    print(t1+dt.timedelta(microseconds=1))
20    print(t1+dt.timedelta(seconds=1))
21    print(t1+dt.timedelta(days=1))
2101-01-01 00:00:00
```

```
2101-01-01 00:00:00.999999
2101-01-01 23:59:59.999999
```

第 19~21 行，将“t1”分别加 1 微秒、1 秒和 1 天，读者可以体会到时间的变化。用到“dt.timedelta()”函数生成时间间隔，它有 3 个输入参数，分别是天、秒和微秒，与前面“datetime.timedelta”类的属性相对应。请对 19~21 行进行注释。

下面利用时间处理数据。第 14 行，“t3”是时间间隔，用来生成一个时间序列。

```
22  time = [t0+dt.timedelta(days=i)
23          for i in range(t3.days+1)]
24  print(time)
[datetime.datetime(2100, 1, 1, 0, 0), datetime.datetime(2100, 1, 2, 0, 0), datetime.datetime(2100, 1, 3, 0, 0), ..., datetime.datetime(2100, 12, 30, 0, 0), datetime.datetime(2100, 12, 31, 0, 0)]
```

第 22~23 行，利用列表循环得到了 2100 年 365 天的时间。请对第 24 行进行注释。可以将它转换成 Numpy 的 Ndarray，利用布尔值索引对数据进行选择。

```
25  import numpy as np
26  dat = np.arange(1,366)
27  msk = [x.month==6 for x in time]
28  print(dat[msk])
[152 153 154 155 156 157 158 159 160 161 162 163 164 165 166 167 168 169 170 171 172 173 174 175 176 177 178 179 180 181]
```

第 25 行导入 Numpy 模块。第 26 行生成 1~365 的整数。第 27 行，利用列表循环生成判断 6 月的布尔值列表。第 28 行，进行布尔值索引，得到 6 月是 2100 年的第 152~181 天。同理，对年、月、日、小时、秒和微秒均可以做相似的处理。用此种方法配合布尔值索引，或者 if 函数，可以对涉及时间的问题进行各种处理。

（2）Numpy 的“datetime64”时间格式

Numpy 的“datetime64”时间格式也是经常使用的时间格式，例如，Xarray 读入数据的时间常为“datetime64”的格式。

```
1    import numpy as np
2    if __name__=='__main__':
3        t = np.datetime64(1,'ms')
4        print(t,str(t))
1970-01-01T00:00:00.001 1970-01-01T00:00:00.001
```

第 3 行，定义“t”变量为“datetime64”格式的第一个毫秒(即 1000 微秒)。其中，“np.datetime64()”函数有 2 个输入参数，当第一个参数是整数(可为负)，第二个参数为“ms”时，表示从起始时间算起的整数个毫秒后的时间，起始时间为 1970 年 1 月 1 日 00 时 00 秒 000 毫秒。由于“datetime64”格式的时间没有年、月、日等一些时间属性，可以利用“str()”函数将其转换成字符串(第 4 行)，进一步利用“datetime”模块进行处理，也可以转换成 Xarray 的时间模块进行处理(稍后介绍)。请对第 3~4 行进行注释。

```
5        t = np.datetime64(3600*12,'s')
6        print(t)
1970-01-01T12:00:00
```

若“np.datetime64()”函数的第二个参数为“s”，配合第一个参数表示起始时间算起整数个秒后的时间。第 5 行，是 12 个小时后的时间。请对第 5~6 行进行注释。

```
7        t = np.datetime64('2100','Y')
8        print(t)
2100
```

若“np.datetime64()”函数的第二个参数为“Y”，第一个参数如果是整数，表示 1970 年后多少年，与微秒、秒的用法相同。若使用字符串，给出字符串表示的年份(第 9 行)。同理，对于日也有类似的用法。请对第 7~8 行进行注释。

```
9        t0 = np.datetime64('2100-01-01','D')
10       print(t0)
2100-01-01
```

第 9 行，“np.datetime64()”函数的第二个参数为“D”，表示到日，如果为整数，与介绍过的年、秒、微秒的用法相同。如果字符串能表示完整的时间，则不需要第二个参数。请对第 10 行进行注释。

```
11      t1 = np.datetime64('2100-12-31T23:59:59.999')
12      print(t1)
```

第 11 行，给出了一个完整的字符串表示的时间，注意月、日、时、分、秒必须是 2 位，比如“01”；毫秒必须是 3 位，如“001”；日与时要用“T”隔开，秒与毫秒间用“.”隔开。若想得到时间结果，字符串必须规范。同样，“datetime64”时间也可以进行加减计算。请对第 12 行进行注释。

```
13      s = t1-t0
14      print(s,type(s))
15      s = s.astype(np.float64)
16      print(s/1e3/3600/24)
31535999999 milliseconds <class 'numpy.timedelta64'>
364.99999998842594
```

第 13 行，用“t1”减去“t0”得到了时间间隔，它是“numpy.timedelta64”格式，以毫秒为单位。当“datetime64”时间以秒或日为单位时，间隔单位也分别为秒或日。需要将这一数据转化为整数或浮点数，可以使用附带的“astype()”函数（第 15 行），用于类型间转换，该函数的输入参数为 Numpy 的数据类型，还可使用“np.int64”，第 16 行通过运算得到的结果整数部分是 364 日。请对第 13~16 行进行注释。同样，时间也可以与时间间隔进行加减运算。

```
17      t = t1+np.timedelta64(1,'ms')
18      print(t)
19      t = t1+np.timedelta64(1,'s')
20      print(t)
21      t = t1+np.timedelta64(1,'D')
22      print(t)
2101-01-01T00:00:00.000
2101-01-01T00:00:00.999
2101-01-01T23:59:59.999
```

第 17 行、第 19 行和第 21 行，分别给时间“t1”加 1 毫秒、1 秒和 1 日，对于其他间隔，请读者自行体会。

要建立时间序列，也可以模仿前面的 datetime 模块，用列表循环建立，也可以利用“np.array()”建立。请对第 17~22 行进行注释。

```
23    t365 = np.arange(365)
24    time = np.array(t365,dtype='datetime64[ms]')
25    print(time[[0,-1]])
26    time = np.array(t365,dtype='datetime64[s]')
27    print(time[[0,-1]])
28    time = np.array(t365,dtype='datetime64[D]')
29    print(time[[0,-1]])
30    dt = np.datetime64('2100-01-01')-np.datetime64(0,'D')
31    time1 = time + dt
32    print(time1[[0,-1]])
33    time = np.array(['2100-01-01T00:00:00.000',
34                     '2100-01-01T00:00:00.001'],
35                     dtype='datetime64')
36    print(time)
['1970-01-01T00:00:00.000' '1970-01-01T00:00:00.364']
['1970-01-01T00:00:00' '1970-01-01T00:06:04']
['1970-01-01' '1970-12-31']
['2100-01-01' '2100-12-31']
['2100-01-01T00:00:00.000' '2100-01-01T00:00:00.001']
```

第 23 行，建立 0~364 的整数序列。第 24 行，利用“np.array()”函数配合其参数“dtype”将这 365 个数设成从起始时间开始的微秒数“datetime64[ms]”，这个字符串里的方括号内用于设置时间的基本单位，有日（[D]）、秒（[s]）和毫秒（[ms]）等。第 25 行，输出序列的第一个时间和最后一个时间。同理，第 26~27 行，针对时间间隔为秒；第 28~29 行，针对时间间隔为日。

第 30 行，计算 2100 年距 1970 年 1 月 1 日的天数；第 31 行，利用时间的加法得到了 2100 年的 365 天序列，此处将时间序列存储为“time1”，以备后面继续使用。第 33~35 行，利用字符串序列同样可以建立“datetime64”时间序列，此时不用为“dtype”参数中的“datetime64”加方括号的间隔。请对第 23~36 行中打印函数“print()”的全部代码进行注释。

```
37    import xarray as xr
```

```
38 time = xr.DataArray(time1,dims=('time',),
39                     coords={'time':time1})
40 print(time)
<xarray.DataArray (time: 365)>
array(['2100-01-01T00:00:00.000000000', … ,
       '2100-12-31T00:00:00.000000000'], dtype='datetime64[ns]')
Coordinates:
  * time     (time) datetime64[ns] 2100-01-01 2100-01-02 ... 2100-12-31
```

利用 Xarray 的函数可以将“datetime64”时间格式变成 DataArray 数据结构，好处在于 Xarray 为时间提供了更为丰富的函数。

```
41 dt = time.dt
42 print(dt.date,
43       dt.season,
44       dt.year,
45       dt.month,
46       dt.day,
47       dt.hour,
48       dt.minute,
49       dt.second,
50       dt.microsecond)
（输出略）
```

对于 Xarray 的时间，它带有非常丰富的属性和函数，包括日期（第 42 行）、季节（第 43 行）、年（第 44 行）、月（第 45 行）、日（第 46 行）、小时（第 47 行）、分（第 48 行）、秒（第 49 行）和微秒（第 50 行），甚至还有星期（week）、星期中的某一天的整数（weekday）和名称（weekday_name）、一年的第几周（weekofyear），以及毫微秒“nanosecond”。此外，还有“time.dt”的“strftime()”用于将时间转换成字符串。

（3）netCDF4 模块的时间函数

对于 netCDF4 模块读入的数据，一般都有时间变量，针对时间变量有对应的处理函数，包括“num2date()”和“date2num()”。若 netCDF4 数据有时间变量，它的一个重要属性是“units”，一般是一个字符串，如“days since 2100-01-01”，表示时间的起始日期和间隔，“days”表示间隔为天，“since”后的字符串表示日期，这样 netCDF4 模块的时间就以整数进行存储。类似的还有“months since 2100-01-01”“hours since 2100-01-01 00:00:00”“seconds since 2100-01-01 00:00:00”等。

```
from netCDF4 import num2date, date2num
if __name__=='__main__':
    sep = ['months',
          'days',
          'hours',
          'minute',
          'seconds',
          'microseconds']
    for x in sep:
        units = x+' since 2100-01-01 00:00:00.000'
        print(units)
        if x=='months':
            calendar='360_day'
        else:
            calendar='standard'
        time = num2date([1],units,
                             calendar=calendar)
        print(time)
months since 2100-01-01 00:00:00.000
[cftime.Datetime360Day(2100, 2, 1, 0, 0, 0, 0, has_year_zero=True)]
days since 2100-01-01 00:00:00.000
[cftime.DatetimeGregorian(2100, 1, 2, 0, 0, 0, 0, has_year_zero=False)]
hours since 2100-01-01 00:00:00.000
[cftime.DatetimeGregorian(2100, 1, 1, 1, 0, 0, 0, has_year_zero=False)]
minute since 2100-01-01 00:00:00.000
[cftime.DatetimeGregorian(2100, 1, 1, 0, 1, 0, 0, has_year_zero=False)]
seconds since 2100-01-01 00:00:00.000
[cftime.DatetimeGregorian(2100, 1, 1, 0, 0, 1, 0, has_year_zero=False)]
microseconds since 2100-01-01 00:00:00.000
[cftime.DatetimeGregorian(2100, 1, 1, 0, 0, 0, 1, has_year_zero=False)]
```

第 3~8 行，给出了包括月、日、时、分、秒和微秒的间隔，其中用月为间隔的单位，在“num2date()”函数中的“calendar”参数必须是“360_day”。第 9~18 行，利用 for 循环改变“units”变量的值，最后为第 16 行的“num2date()”函数提供第二个参数。“num2date()”函数第一个参数为整数序列，第二个参数为字符串表示的时间单位，第三个参数为日历参数“calendar”。第三个参数可以有“standard”标准的时间，就是日常使用的日历；部分模式的结果给出的是“365_day”格式的日历，所有年份均为 365 天，没有闰年；还有前面提到的“360_day”。这 3 个是常用的选项。

从上面代码可以看到，输出的时间相较起始时间分别多了 1 个月、1 日、1 小时、1 分钟、1 秒和 1 微秒。“num2date()”函数输出的结果与 datetime 模块的时间非常类似，但是到目前作者编写本书之时，用它在 Matplotlib 模块绘图还存在一定问题，因此，需转换成 datetime 模块的时间，可利用“strftime()”和“strptime()”函数进行转换，也可将其转换为 Numpy 的“datetime64”时间。

反过来，Python 时间也可以用“date2num()”转换成整数。“date2num()”函数的 3 个参数与“num2date()”高度相似。“date2num()”的第一个参数可以是“num2date()”的输出结果，也可以是 datetime 模块定义的时间。请对第 3~18 行进行注释。

```
19  import datetime as dt
20  time = [dt.datetime(2100,1,1)+dt.timedelta(days=i)
21          for i in range(365)]
22  n = date2num(time,
23             'days since 2100-01-01',
24             calendar='standard')
25  print(n)
[  0   1   2   3   4 ... 361 362 363 364]
```

第 19~21 行，建立 datetime 时间序列。第 22~24 行，利用“date2num()”函数将日期变成整数序列。

本小节介绍的时间处理方式，基本可以应对气象上常见的时间数据。

(4) Xarray 的 Groupby 函数

处理时间时，有时涉及将相同的季节、月份、日期选出，再进行后续处理的问题。此时，可以使用 Xarray 的 Groupby 函数。例如，下面代码选取具有相同季节的数据。

```
import xarray as xr
import numpy as np
```

```
3  if __name__=='__main__':
4      t0 = np.datetime64('2100-01-01','D')
5      t1 = np.datetime64('2130-01-01','D')
6      dt = t1-t0
7      time = [t0+np.timedelta64(i,'D')
8              for i in range(dt.astype(np.int64))]
9      time = np.array(time)
10     time = xr.DataArray(time,dims=('time',),
11                         coords={'time':time})
```

上段代码利用 Numpy 的“datetime64”时间得到 DataArray 结构的时间，从 2100 年 1 月 1 日起至 2129 年 12 月 31 日止。

```
12     season = time.dt.season
13     tg = time.groupby(season)
14     print(tg)
DataArrayGroupBy, grouped over 'season'
4 groups with labels 'DJF', 'JJA', 'MAM', 'SON'.
```

第 12 行，利用 Xarray 的时间属性得到每个时间所在的季节。其中，“season”变量的结构与第 10 行的“time”变量完全一致，其维度也是“time”，但是存储的内容是每个时次所在的季节。第 13 行，利用 DataArray 的“groupby()”函数对数据进行分组，此函数的输入参数是一维的 DataArray 数组，并且该数组的维度必须是被分组的数据中的其中一个维度，且与此维度的坐标完全一致。满足上述条件后，“groupby()”函数根据其输入的参数数组中的相似元素，对调用该函数的数组在对应的维度上进行分组。第 13 行，对“time”变量进行分组，分组使用的参数数据是“season”，打印的结果显示将数据分成了 4 组，北半球冬季（DJF）、夏季（JJA）、春季（MAM）和秋季（SON）。对分组的调用类似字典。请对第 14 行进行注释。

```
15     print(tg['DJF'].to_numpy())
['2100-01-01T00:00:00.000000000' '2100-01-02T00:00:00.000000000'
 '2100-01-03T00:00:00.000000000' ... '2129-12-29T00:00:00.000000000'
 '2129-12-30T00:00:00.000000000' '2129-12-31T00:00:00.000000000']
```

第 15 行调用冬季的数据。可以看到，输出的结果均为 12 月、1 月、2 月的日期。同理，如果被分组的不是时间，而是具备相同时间维度和坐标值的多维数组，也可用此方法进行分组。这样，如果需要使用任一季节的数据，可使用“groupby()”函数进行分组，然后调用，调用的结果依然为 DataArray 结构数组，上段代码中第 15 行将数组转换成 Ndarray 减少打印信息。

如果想调用某月的数组，代码如下。请对第 15 行进行注释。

```
16    month = time.dt.month
17    tg = time.groupby(month)
18    print(tg)
DataArrayGroupBy, grouped over 'month' 12 groups with labels 1, 2, 3, 4, 5, 6, 7, 8, 9, 10, 11, 12.
```

第 17 行，将数组分成 12 组，每组为一个月份。需注意，此时分组的键是整数，而不是字符串，因为“month”变量的值是整数。请对第 18 行进行注释。

```
19    print(tg[6].to_numpy())
```

（输出略）

第 19 行，打印出的结果为 30 年的 6 月的日期。如果想将数组按日期分组可以使用“strftime()”函数。请对第 19 行进行注释。

```
20    date = time.dt.strftime('%m%d')
21    tg = time.groupby(date)
22    print(tg)
DataArrayGroupBy, grouped over 'strftime'
366 groups with labels '0101', '0102', ..., '1231'.
```

第 20 行，利用“strftime()”函数将一年 365 天（闰年 366 天）不带年份的日期变成字符串，利用这个字符串将数据分成 366 组，除 2 月 29 日外，每组均为 30 个数据。

```
23    print(tg['0101'].shape)
(30,)
```

有了这 366 个分组，可以很容易得到多年气候态，方便进行数据分析。同样，如果需要将小时、分钟进行分组也可以使用 DataArray 时间的相应属性，用于处理日变化等问题，请读者通过上面的例子举一反三。

5.2　数组变形

在进行数组计算时,通常会涉及数组的变形问题。本小节介绍 Numpy 中的几个常用数组变形函数。

(1) 直接变形

最常用的直接变形是“reshape()”函数,这个函数在前面章节中有所涉及,此处进一步详细讲解。因为代码比较简单,此处使用交互式命令行。

```
>>> import numpy as np
>>> x = np.zeros((30,73,144))
>>> x.shape
(30, 73, 144)
```

上段代码导入 Numpy,用“np.zeros()”函数生成一个 $30 \times 73 \times 144$ 的数组,利用“shape()”函数对数组的结构进行查看。

```
>>> y = x.reshape(-1,144)
>>> y.shape
(2190, 144)
```

上段代码利用“reshape()”函数将数据的前 2 个维度进行合并,该函数的输入参数是新的数组的结构,但是要求输入参数的乘积要与原数据各个维度长度的乘积相同。另外,也可以直接使用“np.reshape()”函数,它则需要 2 个参数,第一个参数是要变形的数组(可以是列表或元组),另一个参数是要变形的结构(列表或元组,元素为整数)。若有的维度的长度是确定的,则剩下那一个维度的长度可以用 -1 代替,如下面的代码。

```
>>> y = x.reshape(-1,15,73,144)
>>> y.shape
(2, 15, 73, 144)
```

这段代码将原来第 0 维的 30 拆成了 2×15,与“x.reshape(2,15,73,144)”功能一致。只要

保证新得到的各维长度是整数,同时乘积与原数据各维长度的乘积相同,可以利用“reshape()”函数对数组进行各种变换。

```
>>> y = x.reshape(-1)
>>> y.shape
(315360,)
```

上面代码将数据变成了一维,它与 Ndarray 的附带函数“flatten()”功能一致。

```
>>> y = x.flatten()
>>> y.shape
(315360,)
```

上面的“reshape()”和“flatten()”函数,无论是将数组变成多维还是拉成一维,均不会改变数组的总元素数。

有时总元素不变,想将维度位置进行变换,如果数组是二维的,可以直接使用“.T”属性进行转置。如果数组超过两维,则使用“np.moveaxis()”函数,它会将数组的维度进行变换。

```
>>> x = np.zeros((17,520,73,144))
>>> x.shape
(17, 520, 73, 144)
>>> y = np.moveaxis(x,0,1)
>>> y.shape
(520, 17, 73, 144)
```

上段代码将数组的第 0 维移到了第 1 维的位置。从上段代码可以看出,“np.moveaxis()”函数有 3 个参数,后 2 个是要移动的维度和移到的位置,移动后其余维度被顺序“挤”向左右。这 2 个参数也支持负数(倒着数的维度)。

(2)拓展变形

有时需要将数组进行拓展。前面用得最多的一个函数是“np.meshgrid()”,它将 2 个一维数组进行了复制和拓展。

```
>>> import numpy as np
```

```
>>> lon = np.arange(144)
>>> lat = np.arange(73)
>>> x, y = np.meshgrid(lon,lat)
>>> x.shape
(73, 144)
>>> y.shape
(73, 144)
```

上面代码定义了 2 个一维数组,长度分别为 73 和 144,利用"meshgrid()"函数生成 2 个 73×144 的数组。"meshgrid()"函数的输入参数是 2 个一维序列,若第一个序列的长度为 M,第二个序列的长度为 N,该函数把第一个一维序列在第 0 维复制 N 次,形成 $N\times M$ 的数组;把第二个一维序列在第 1 维复制 M 次,也形成一个 $N\times M$ 的数组。该函数在确定数据的二维坐标时经常使用。

使用"np.tile()"函数也可以达到相似的效果,而这一函数比"meshgrid()"函数更灵活。接着使用前面的"lon"和"lat"变量。

```
>>> y = np.tile(lon,(73,1))
>>> y.shape
(73, 144)
```

上面代码对"lon"在第 0 维进行复制,共复制 73 次。"np.tile()"函数的输入参数主要有 2 个,第一个参数是要复制的数组,第二个参数是复制的结构,为一个元组。元组的第一个元素是第 0 维(第一个维度)的复制次数,第二个元素是 1,表示原来提供的数据长度作为第二个维度(第 1 维)保持不变。如果不使用"1",则对这个维度进行复制。比如下面这段代码,没有"1"的情况下,用"2"则将原来的长度翻倍。

```
>>> y = np.tile(lon,(73,2))
>>> y.shape
(73, 288)
```

"np.tile()"第二个参数元组中的最后几个元素表示原数据长度的变化,当为"1"时原数据的长度不变。比如想把"lon"变成 $520\times17\times73\times144$ 的数据,可以进行下面的操作。

```
>>> y = np.tile(lon,(73,1))
```

```
>>> y.shape
(73, 144)
>>> y = np.tile(y,(17,1,1))
>>> y.shape
(17, 73, 144)
>>> y = np.tile(y,(520,1,1,1))
>>> y.shape
(520, 17, 73, 144)
```

从上面代码可以看到，“np.tile()”函数第二个参数元组中的“1”在不断增加，这是因为要复制的数组的维度也在不断地增加，“1”的个数与所复制数组的原维度是一致的，比如第一次复制，原数组是一维的，第二个参数元组的最右边有一个“1”；第二次复制时，“y”变量是二维的，因此，参数元组有 2 个“1”；第三次变成了 3 个“1”。从上面代码可以看出，如果想保持原来的数据形状不发生改变，“np.tile()”函数仅能在第 0 维进行复制；如果想要复制的不在第 0 维，那么就需要利用转置和“np.moveaxies()”函数对数据的维度进行变换。

```
>>> y = np.tile(lat,(144,1))
>>> y.shape
(144, 73)
>>> y = y.T
>>> y.shape
(73, 144)
```

上面代码利用转置，将复制出的数组进行了 2 个维度的交换。有时不需要复制，仅需要将数组的维度进行拓展，此时利用“np.expand_dims()”函数。

```
>>> x = np.zeros((520,17,73,144))
>>> y = np.expand_dims(x,1)
>>> y.shape
(520, 1, 17, 73, 144)
>>> y = np.expand_dims(x,0)
>>> y.shape
(1, 520, 17, 73, 144)
```

从上面代码可以看出，“np.expand_dims()”需要 2 个参数,第一个参数是要进行拓展的数组,第二个参数是要拓展的维度,取值为 0 到数组的维度个数。如果想将数组中长度为 1 的维度除去,可以用“np.squeeze()”函数。

```
>>> y = np.squeeze(y)
>>> y.shape
(520, 17, 73, 144)
```

(3)数组拼接

若想将多个 Ndarray 进行合并和拼接，一般使用“np.hstack()”“np.vstack()”和“np.concatenate()”函数。“np.vstack()”是对行(第 0 维或第一个维度)的合并,要求被合并的数组的第 1 维(第二个维度)长度均相同。

```
>>> a = np.zeros((2,3))
>>> b = np.zeros((1,3))
>>> c = np.zeros((5,3))
>>> x = np.vstack((a,b,c))
>>> x.shape
(8, 3)
```

上面代码将“a”“b”和“c”三个数组第 0 维进行合并,用到“np.vstack()”函数,输入参数是一个元组,元组中的元素均是两维数组,要求这些数组第 1 维的长度必须相同,第 0 维可以不同。

对于第 0 维长度相同,而第 1 维长度不同的数组进行合并,需使用“np.hstack()”函数。

```
>>> c = np.zeros((3,5))
>>> b = np.zeros((3,1))
>>> a = np.zeros((3,2))
>>> x = np.hstack((a,b,c))
>>> x.shape
(3, 8)
```

上面代码对第 1 维进行合并,被合并的数组的共同点是第 0 维即行的长度相同。对于一维数组的合并，也使用“np.hstack()”函数。

```
>>> a = a.flatten()
>>> b = b.flatten()
>>> c = c.flatten()
>>> x = np.hstack((a,b,c))
>>> print(a.shape,b.shape,c.shape,x.shape)
(6,) (3,) (15,) (24,)
```

因此，使用“np.vstack()”合并最左侧的一维，“np.hstack()”合并最右侧的一维。若数组是多维的，一般使用“np.concatenate()”函数进行合并，它的第一个参数与前面2个函数相同，是要合并的数组，同时也提供了第二个参数“axis”，默认值是0，表示对第0维进行合并。使用该函数时，除被合并的维度以外，要求所有数组其他维度的长度必须完全相同。

```
>>> a = np.zeros((1,3,5))
>>> b = np.zeros((1,4,5))
>>> c = np.zeros((1,6,5))
>>> x = np.concatenate((a,b,c),axis=1)
>>> x.shape
(1, 13, 5)
```

上面代码用“np.concatenate()”函数将“a”“b”和“c”三个数组第1维进行合并，它的第二个参数“axis=1”表示对第1维进行合并。

通过对上面几个函数的组合使用，基本上可以满足对各类数组的处理，方便完成数组的快速运算。Numpy还有数组广播，不进行介绍。在Python编程中，读者需要遵循一个重要的原则，能找到函数完成的任务一般先用函数；能用数组运算进行的计算不使用循环进行计算。因为Python的函数和数组运算是基于标准的C语言编写的，相较于Python本身，运行速度更快。如果利用Python语言本身的基础语法用循环完成这些任务，运行的效率则较低。

5.3 数据插值

有时气象数据是散点数据，需要将其处理成格点数据，或者气象数据间分辨率不同，需要将高分辨率数据处理成低分辨率数据，此时需要用到插值。本节介绍几种常用的插值方法。

(1) Scipy 插值函数

Scipy 中的"interpolate"模块提供了丰富的插值函数，常用的是"griddata()"函数，它可用 3 种方法将离散点插值成格点。

```
1  import numpy as np
2  from scipy.interpolate import griddata
3  import matplotlib.pyplot as plt
4  def crdat():
5      np.random.seed(10)
6      y = np.hstack((np.random.rand(500)*-90,
7         np.random.rand(500)*90))
8      x = np.random.rand(1000)*360
9      m, n = (1,2)
10     A = 100*np.sin(n*y/180*np.pi)**2
11     dat = A*np.sin(m*x/180*np.pi)
12     return x,y,dat
```

第 2 行，导入"scipy.interpolate"模块中的"griddata()"函数。第 4~12 行，与第 3 章生成"wave.grib2.nc"的方法一致，此处生成了它第 1 个时次的数据。不同之处在于，生成"wave.grib2.nc"时，使用的是格点的经纬度，而此处随机生成了 1000 个经度和 1000 个纬度（第 6~8 行）。第 5 行，固定随机的"seed"，这样每次随机生成的经纬度会一致，读者也可以不使用此行代码。第 5~8 行，利用"np.random.rand()"函数，它的输入参数是一个整数，表示随机生成多少个 0~1 的随机数。第 9~12 行，生成与"wave.grib2.nc"第 1 个时次分布一致的数据，并返回。图 5.1a 给出了离散点的分布情况。

```
13 if __name__=='__main__':
14     x,y,dat = crdat()
15     lon0 = np.arange(0,360,2.5)
16     lat0 = np.linspace(-90,90,73)
17     lon,lat = np.meshgrid(lon0,lat0)
```

第 13 行开始为主函数。第 14~17 行，调用生成数据的函数，并生成需要插值的格点，与"wave.grib2.nc"的格点一致，水平分辨率为 $2.5° \times 2.5°$。

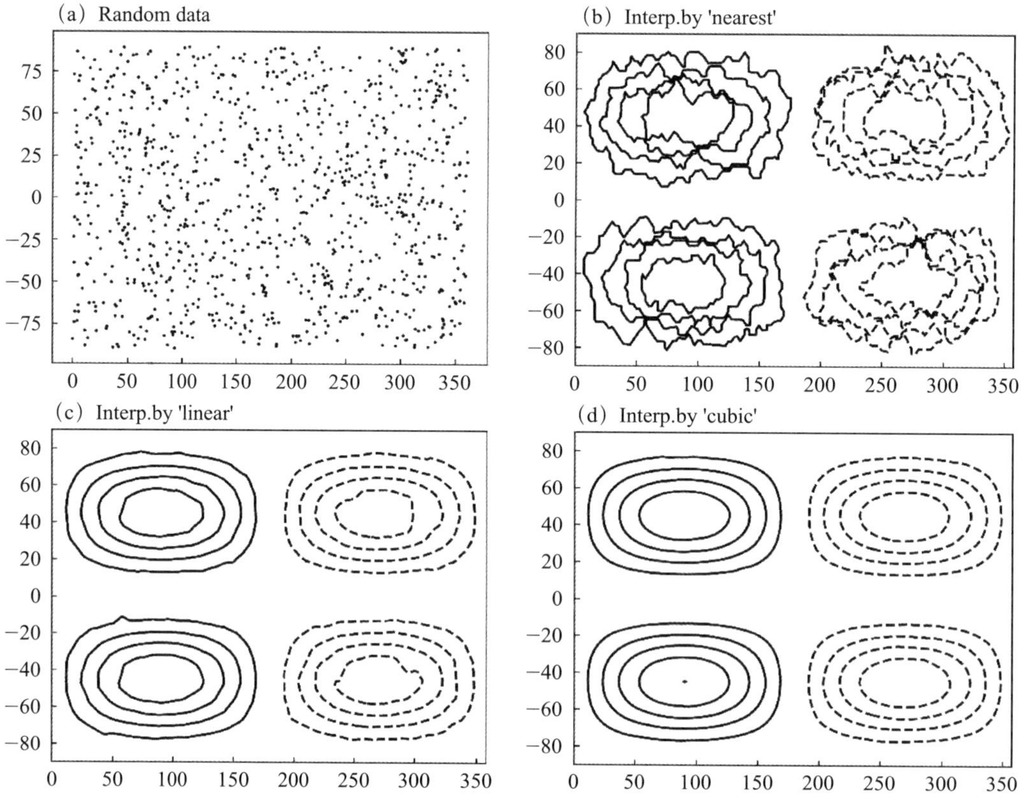

图 5.1　(a)数据的离散点分布;(b)使用“nearest”方法插值;
(c)使用“linear”方法插值;(d)使用“cubic”方法插值

```
18 fig = plt.figure(figsize=(11,8.5))
19 ax = fig.add_subplot(2,2,1)
20 ax.scatter(x,y,1,color='k')
21 ax.set_title('(a) Random data',fontsize=15,
22         loc='left')
```

第 18~22 行,绘制离散点(图 5.1a)。

```
23 levels = list(np.arange(-100,101,20))
24 levels.remove(0)
```

第 23~24 行,定义等值线,去掉 0 线。

```
25      for i,m in enumerate(['nearest','linear','cubic']):
26          datg = griddata((x,y),dat,
27                 (lon,lat),method=m)
28          ax = fig.add_subplot(2,2,2+i)
29          ax.contour(lon,lat,datg,levels=levels,
30                colors='k')
31          ax.set_title('('+chr(ord('b')+i)+ \
32                 ') Interp. by '+"'"+m+"'",
33                fontsize=15,loc='left')
```

第 25~33 行，利用 for 循环遍历 3 种方法，进行插值和绘图，对应图 5.1b~d。第 26~27 行，利用“griddata()”函数进行插值，输入的第一个参数是元组，第一个元素为离散点 x 方向的坐标（经度），第二个元素是 y 方向的坐标（纬度）；第二个参数是需要插值的离散点的数值，坐标和数值的长度必须一致；第三个参数是插值到的格点坐标；第四个参数是一个关键字参数“method”，默认值是“linear”，它有 3 个选项，即“nearest”“linear”和“cubic”。从插值的结果来看（图 5.1），对于当前的数据，“linear”和“cubic”的插值结果较好。

另外，也可以利用 Scipy 的径向基函数“interpolate.RBFInterpolator()”进行插值，该函数包括多种径向函数方法，有“linear”“thin_plate_spline”“cubic”“quintic”“multiquadric”“inverse_multiquadric”“inverse_quadratic”和“gaussian”等径向函数。除了“linear”“thin_plate_spline”“cubic”“quintic”等 4 种方法外，其余的方法均需要设置“epsilon”参数。径向函数法可理解为插值扫描的区域，“epsilon”越小，扫描的区域越大。

```
import numpy as np
from scipy import interpolate
import matplotlib.pyplot as plt
def crdat():
    np.random.seed(5)
    y = np.hstack((np.random.rand(500)*-90,
       np.random.rand(500)*90))
    x = np.random.rand(1000)*360
    m, n = (1,2)
    A = 100*np.sin(n*y/180*np.pi)**2
    dat = A*np.sin(m*x/180*np.pi)
```

```
12      return x,y,dat
13  if __name__=='__main__':
14      x,y,dat = crdat()
15      xy = np.vstack((y,x)).T
16      lon0 = np.arange(0,360,2.5)
17      lat0 = np.arange(-90,91,2.5)
18      lon,lat = np.meshgrid(lon0,lat0)
19      lonlat = np.vstack((lat.flatten(),lon.flatten())).T
20      methods = ['multiquadric','inverse_quadratic',
21                 'inverse_multiquadric','gaussian',
22                 'linear','cubic','quintic',
23                 'thin_plate_spline']
24      levels = list(np.arange(-100,101,20))
25      levels.remove(0)
26      fig = plt.figure(figsize=(8.5,11))
27      for i,m in enumerate(methods):
28          ax = fig.add_subplot(4,2,i+1)
29          rbf = interpolate.RBFInterpolator(xy,dat,
30               kernel=m,epsilon=0.05)
31          datg = rbf(lonlat)
32          datg = datg.reshape(lon.shape)
33          ax.contour(lon,lat,datg,levels=levels,
34                   colors='k')
35          ax.set_title('('+chr(ord('a')+i)+ \
36                     ') Interp. by '+"'"+m+"'",
37                     loc='left',fontsize=12)
```

上面代码与前面使用 Scipy 的“griddata()”函数进行插值的代码基本相同，仅在第 15 行、第 19 行、第 20~23 行和第 29~32 行有所差别。第 15 行，利用数组变形将散点的纬度和经度变成“散点数 ×2”的数组；第 19 行，将格点的纬度和经度变成“格点数 ×2”的数组。因为第 29 行和第 31 行函数的第一个输入参数需要大小为“点数 ×2”的数组。第 29 行，“RBFInterpolator()”函数的第一个参数是“散点数 ×2”的数组，第二个参数是需要插值的散点的数值，是一个一维数组；第 30 行，“kernel”参数，即径向基函数方法，有 8 种选择，在第 20~23 行的列表中进行定义；“epsilon”参数仅在前面介绍过的几种方法中需要设置。

"RBFInterpolator()"函数的返回值是一个函数。第29行,此代码将返回的函数赋予了"rbf"变量,它是基于散点结果进行插值后的函数,该函数的输入参数与 RBFInterpolator()"函数的第一个参数相似。第 31 行,利用该函数进行格点插值,为其提供"格点数 ×2"的数组。细心的读者可以发现,该函数也可以进行散点插值。调用"rbf"变量定义的函数后,返回的结果是一个长度为格点数的一维数组,第 32 行利用"reshape()"函数将其变成二维数据,为后续绘图作准备(图 5.2)。

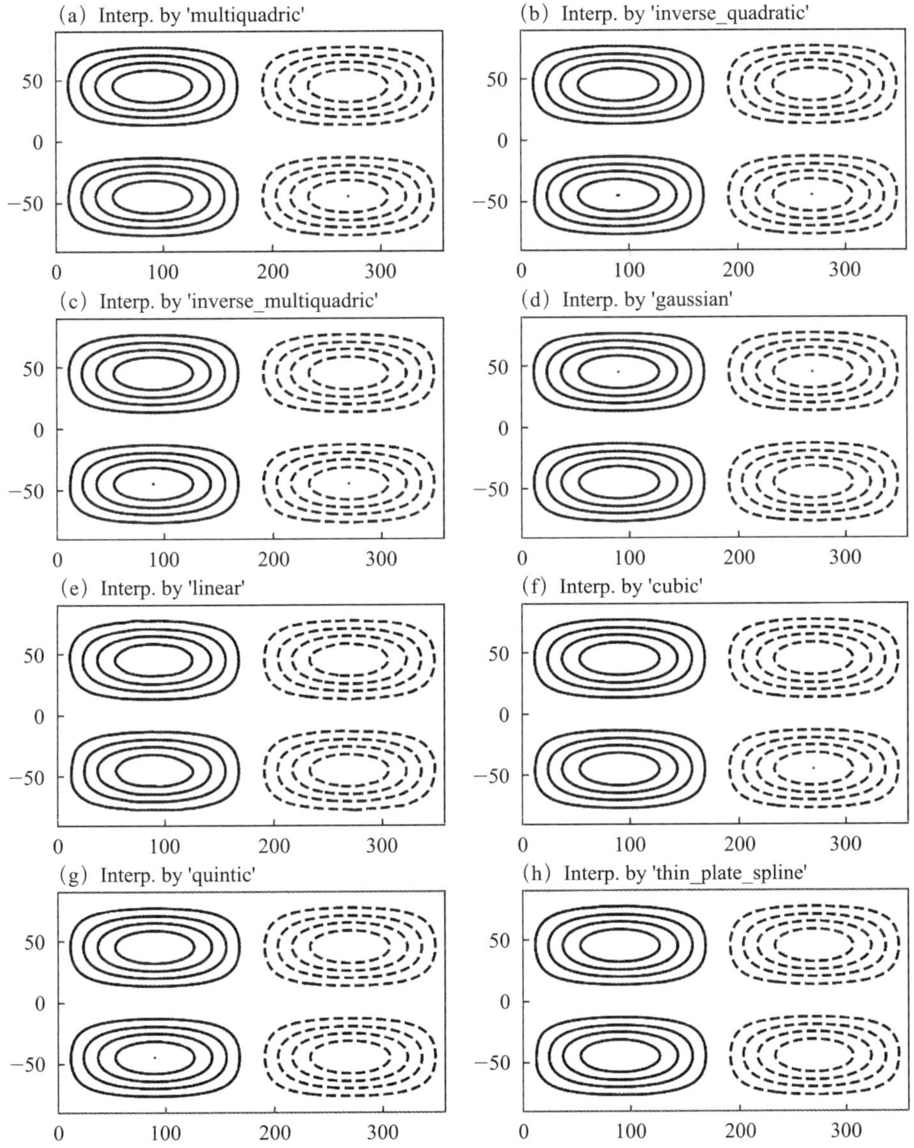

图 5.2　Scipy 的"RBFInterpolator()"函数插值

由此可见,Scipy 提供了丰富的插值方法,方便将散点数据(如站点)插值到格点数据,进行比较和绘图。在实际应用中,应根据实际情况选择不同的插值方法,同时要设置好不同插值方法的参数。

(2)Metpy 插值函数

对于离散的气象数据,Metpy 模块也提供了插值函数。该函数不仅包括了 Scipy 的几种插值方法,还提供了“barnes”“cressman”和“natural_neighbor”3 种方法(图 5.3)。

```
import numpy as np
from metpy.interpolate import interpolate_to_grid
import matplotlib.pyplot as plt
def crdat():
    np.random.seed(5)
    y = np.hstack((np.random.rand(500)*-90,
       np.random.rand(500)*90))
    x = np.random.rand(1000)*360
    m, n = (1,2)
    A = 100*np.sin(n*y/180*np.pi)**2
    dat = A*np.sin(m*x/180*np.pi)
    return x,y,dat
if __name__=='__main__':
    x,y,dat = crdat()
    levels = list(np.arange(-100,101,20))
    levels.remove(0)
    fig = plt.figure(figsize=(15,8.5))
    for i,m in enumerate(['barnes','cressman',
                            'natural_neighbor']):
        ax = fig.add_subplot(2,3,i+1)
        lon,lat,datg = interpolate_to_grid(x,y,dat,
                       interp_type=m,hres=2.5,
                       boundary_coords={'west':0,'east':357.5,
                       'south':-90,'north':90},
                       minimum_neighbors=3,gamma=5.)
        ax.contour(lon,lat,datg,levels=levels,
```

```
27                          colors='k')
28          ax.set_title('('+chr(ord('a')+i)+ \
29                           ') Interp. by '+"'"+m+"'",
30                           loc='left',fontsize=15)
```

第 1~30 行,除了第 2 行和第 21~26 行与前面的代码不同,其他散点数据和绘图部分基本相似。第 2 行,导入 Metpy 的插值函数“interpolate_to_grid()”。虽然 Metpy 的计算均需要单位,但此代码不为任何变量提供单位,将所有变量的插值当作无量纲数进行处理,与动力诊断不同,这样做不会影响插值结果。

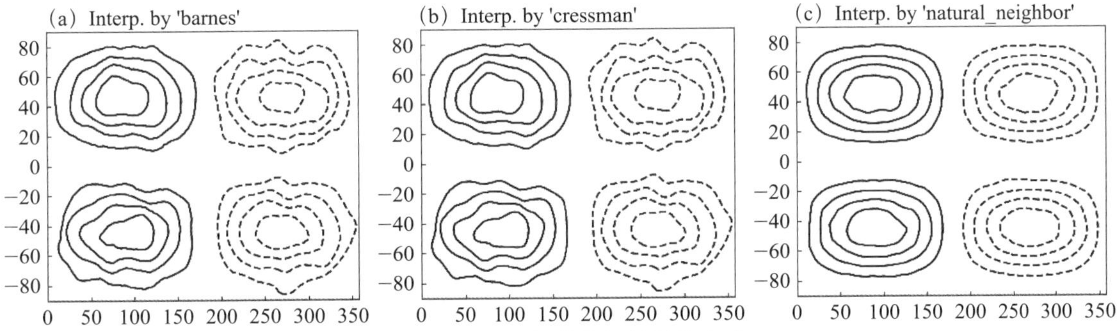

图 5.3　Metpy 提供的额外插值方法

第 21 行,“interpolate_to_grid()”函数的前 3 个参数分别为离散点的 x 和 y 轴坐标,以及离散点的数值。“interp_type”是插值方法,若选择“linear”“nearest”或“cubic”,与 Scipy 的“griddata()”函数得到的结果一致;若选择“rbf”,则需另设置“rbf_func”参数,它有“multiquadric”“inverse”“gaussian”“linear”“cubic”“quantic”和“thin_plate”等选项,对应“RBFInterpolator()”函数的选项。对于这些选项,此处不再介绍。

利用 Metpy 进行插值,“hres”和“boundary_coords”2 个参数为插值提供网格格点,“hres”表示格距(第 22 行);“boundary_coords”设置 4 个边界点的位置,它的输入值是一个字典,字典的键为“west”“east”“south”和“north”(第 23~24 行)。

此外,对于 Metpy 插值还可以设置“minimum_neighbors”参数(第 25 行),它主要针对“cressman”和“barnes”插值,默认值为 3,表示至少利用周边几个点。参数“gamma”仅用于“barnes”插值的平滑,值越大平滑程度越大。另外,还有参数“search_radius”,默认值为散点间平均距离的 5 倍,插值时使用默认值效果已较好,当然读者可根据实际情况进行调整。

(3) 高分辨率降为低分辨率

当某一数据的空间分辨率较高,需将其与低分辨率的网格数据进行比较时,可以利用前面介绍的插值方法，也可以使用网格平均的方法进行“升尺度”，一般可利用“scipy.stats.binned_statistic_2d()”函数（图 5.4）。

```
1  import numpy as np
2  from scipy.stats import binned_statistic_2d
3  import matplotlib.pyplot as plt
4  def crdat():
5      lon = np.arange(0,360,2.5)
6      lat = np.arange(-90,91,2.5)
7      x,y = np.meshgrid(lon,lat)
8      m, n = (1,2)
9      A = 100*np.sin(n*y/180*np.pi)**2
10     dat = A*np.sin(m*x/180*np.pi)
11     return lon,lat,x,y,dat
```

第 2 行，导入 Scipy 的“scipy.stats.binned_statistic_2d()”函数。第 4~10 行，形成水平分辨率为 2.5° × 2.5°、格点数为 73 × 144 的数据，与“wave.grib2.nc”第一个时次的数据一致。第 11 行，不仅返回了一维的经纬度和数据，也同时返回了格点的经纬度。

```
12 if __name__=='__main__':
13     lon,lat,x,y,dat = crdat()
14     x = x.flatten()
15     y = y.flatten()
16     z = dat.flatten()
```

第 13 行，调用函数得到格点数据。第 14~16 行，将格点经纬度和数据变成一维数组。

```
17     lonn = np.arange(-2.5,362.5,5)
18     latn = np.arange(-92.5,97.5,5)
```

第 17~18 行，生成要进行格点平均的边界格点。例如，将 2.5° 变成 5°，5°E 是新的经度坐标，需要将 2.5°~7.5°E 的数据进行平均得到。因此，虽然 5° 的格点数是 37 × 72，但是提供的格点数为 38 × 73。代码没有对东西边界进行循环处理，感兴趣的读者可以进一步优化。第 17~18 行给出的经纬度范围中每两个刻度的中点就是新格点的经纬度坐标。

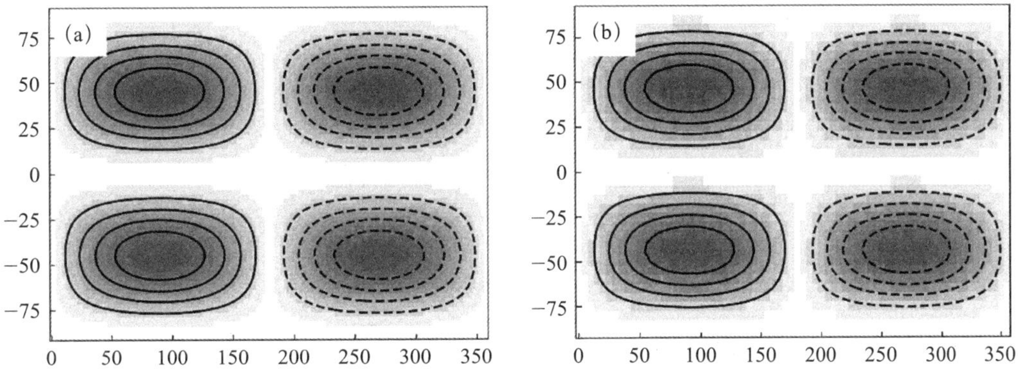

图 5.4　利用“binned_statistic_2d()”函数“升尺度”;(a) 原始数据 2.5°×2.5°;(b) 升尺度结果 5°×5°

```
19  datg = binned_statistic_2d(y,x,z,
20              statistic='mean',
21               bins=(latn,lonn))
22  datg = datg[0]
```

第 19 行，“binned_statistic_2d()”函数的前 3 个参数分别为原数据的纬度和经度的坐标，以及数据。第四个参数“statistic”有多个选项，格点平均选“mean”。此外，也可对格点内的数据求和“sum”、计数“count”、求极值“max”和“min”、求中位数“median”、求标准差“std”，甚至进行函数运算“function”。“bins”参数提供要进行平均的一维网格信息，即在第 17~18 行定义的格点边界。需要注意，第一个参数和第二个参数是纬度和经度，“bins”参数也应为纬度和经度。

该函数返回值为 4 个，包括平均的结果、一维的 y 坐标和 x 坐标网格（与为“bins”提供的一致），以及网格内的格点计数。一般仅需要使用平均值，因此第 22 行索引了返回的第一个值，读者也可以在第 19 行将返回值赋值给 4 个不同的变量。

```
23  lat1 = (latn[1:]+latn[:-1])/2
24  lon1 = (lonn[1:]+lonn[:-1])/2
```

第 23 行和第 24 行，分别计算新格点的经纬度。

```
25  print(datg.shape)
26  levels = list(np.arange(-100,101,20))
27  levels.remove(0)
```

```python
28    fig = plt.figure(figsize=(11,8.5))
29    from matplotlib.colors import LinearSegmentedColormap
30    colors = ['gray','w','gray']
31    n_bin = 21
32    cmap = LinearSegmentedColormap.from_list('gwg',
33                   colors,N=n_bin)
34    for i,(x,y,z) in enumerate(zip([lon,lon1],
35                                  [lat,lat1],
36                                  [dat,datg])):
37        ax = fig.add_subplot(2,2,i+1)
38        ax.pcolor(x,y,z,vmin=-100,vmax=100,
39              cmap=cmap)
40        ax.contour(x,y,z,levels=levels,colors='k')
41        ax.text(5,72,'('+chr(ord('a')+i)+')',fontsize=20,
42             backgroundcolor='w')
```

第 25~42 行,使用旧格点和新格点数据进行绘图。

此外,Xarray 提供的“interp()”函数也可实现对数据进行任意分辨率的插值,具体用法读者可参照官方文档,本书在此不做赘述。需要注意到,“interp()”函数的输入输出都是 DataArray 或 Dataset 结构的数据,不可用于 Numpy 的 Ndarray 数据(请参考 https://docs.xarray.dev/en/stable/generated/xarray.DataArray.interp.html)。

5.4 统计分析函数

本小节介绍气象上常用的统计方法,读者在学习前最好已掌握相应的统计原理,本节仅介绍具体的函数应用。

(1)均值和百分位数

```python
import numpy as np
import matplotlib.pyplot as plt
if __name__=='__main__':
    np.random.seed(3)
    time = np.arange(30)
```

```
6    y = np.random.rand(30)*10-5+0.3*time
```

第 5~6 行,生成一个带趋势的随机序列。第 4 行,固定随机的"seed",以此保证在同一台计算机上生成的 30 个数的序列是一致的。

```
7    dat = [y,
8           np.mean(y,axis=0),
9           np.median(y,axis=0),
10          np.percentile(y,90,axis=0),
11          np.percentile(y,10,axis=0)]
```

第 8~11 行,计算平均值"np.mean()"、中位数"np.median()"、90% 和 10% 位数"np.percentile()"(图 5.5)。"np.mean()"和"np.median()"用法一致,第一个参数是要求计算平均数或中位数的数据,可以是多维数组,"axis"参数定义对哪一维度求值,若没有给定该参数,函数对整个数据求值。同样,"np.percentile()"参数也类似,但是第二个参数是以 0~100 表示的百分位,如 90 表示 90%、10 表示 10%、50 表示 50%;若不给定"axis"参数,将对整个数据求值。当前数据是一维的,因此"axis"参数可以省略。

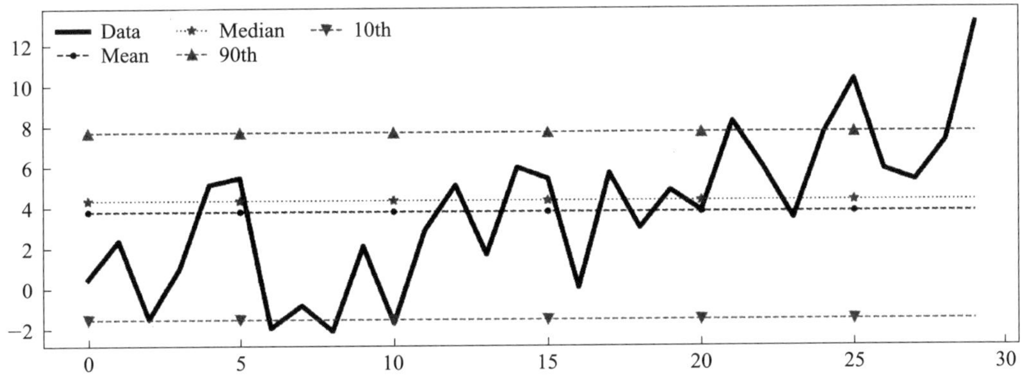

图 5.5　均值和百分位数

```
12   color = ['k','k','grey','gray','gray']
13   line = ['-','--',':','--','--']
14   wd = [3,1,1,1,1]
15   label=['Data','Mean','Median','90th','10th']
16   marker = ['','.','*','^','v']
```

```
17      fig = plt.figure(figsize=(11,8.5))
18      ax = fig.add_subplot(2,1,1)
19      L = []
20      for i,x in enumerate(dat):
21          if i>0:
22              x = np.tile(x,(len(time),))
23          tmpl, = ax.plot(time,x,
24                  color=color[i],label=label[i],
25                  marker=marker[i],markevery=5,
26                  linestyle=line[i],linewidth=wd[i])
27          L.append(tmpl)
28      ax.legend(handles=L,ncol=3,loc='upper left',
29              frameon=False)
```

第 12~29 行，对数据进行绘图（图 5.5）。

（2）方差和标准差

利用“np.var()”和“np.std()”函数可以分别对数据求方差和标准差，其用法与“np.mean()”函数完全一致，仅返回的数值不同。

```
30      var = np.var(y,axis=0)
31      std = np.std(y,axis=0)
32      print(var,std**2)
```

（输出略）

第 30~32 行，求出数据“y”的方差和均方差。第 32 行打印结果。接着用“ax.fill()”将一个标准差内的区域进行填色（图 5.6）

```
33      xf = [0,30,30,0,0]
34      yf = [-1*std,-1*std,std,std,-1*std]
35      yf = np.array(yf)+np.mean(y)
36      ax.fill(xf,yf,
37              facecolor='lightgrey')
```

读者可以思考,第 35 行为什么要给“yf”变量加上数据的平均值。

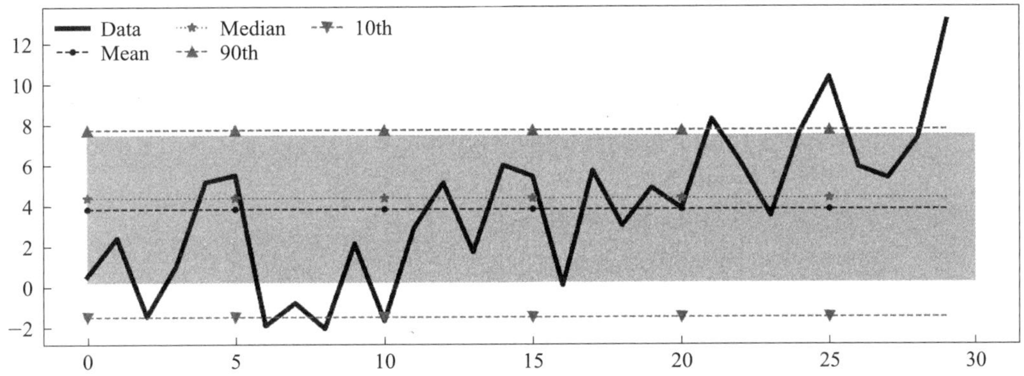

图 5.6　灰色区域为黑色 Data 的 1 个标准差内

(3)协方差和相关系数

利用“np.cov()”和“np.corrcoef()”函数可以对 2 个一维数据求协方差和相关系数,返回值是 2×2 的协方差和相关系数矩阵,(0,1)和(1,0)位置上的值为协方差或相关系数。对于“np.cov()”,对角线上的值为方差。

```
38    cov = np.cov(y,time)
39    print(cov)
[[13.62992508 22.98957124]
 [22.98957124 77.5       ]]
40    r = np.corrcoef(y,time)
41    print(r)
[[1.         0.70734825]
 [0.70734825 1.        ]]
```

第 38 行,求解数据“y”与时间“time”的协方差,协方差为 22.99,表明两者关系为正。第 40 行,求解数据“y”与时间“time”的相关系数(约 0.71),两者呈正相关关系。

对于多维数组,有 2 种方法求解协方差和相关系数。第一种方法,利用上面介绍的函数配合循环进行计算;第二种方法,利用协方差和相关系数公式,用数组进行计算。在 Python 中,第二种方法在计算时较第一种方法快。

(4)线性回归和趋势

线性回归是利用最小二乘法建立变量间联系的方法,是建立预报方程的线性方法。利用最小二乘法寻找到预报因子的系数，由系数和因子建立预报方程。Python 的 Numpy 库为线性回归提供了“np.linalg.lstsq()”函数，包括一元线性回归和多元线性回归。同时，“np.polyfit()”函数可以快速地进行一元线性回归。此外，scikit-learn 模块也提供了多元线性回归的函数（此处不介绍）。

```
1   import numpy as np
2   import matplotlib.pyplot as plt
3   if __name__=='__main__':
4       np.random.seed(3)
5       time = np.arange(30)
6       y = np.random.rand(30)*10-5+0.3*time
```

第 3~6 行，生成一个带趋势的随机时间序列。

```
7       x0 = np.ones(len(time))
8       x1 = time
9       x2 = np.sin(4*2*time/30*np.pi)
10      X = np.vstack([x0,x1,x2]).T
11      b,*res = np.linalg.lstsq(X,y,rcond=None)
12      print(X.shape,b.shape)
13      yh = np.dot(X,b)
(30, 3) (3,)
```

第 7~9 行，进行多元线性回归前的数据准备。利用时间（第 8 行）和一个波数为 4 的简谐波（第 9 行）作为回归因子；注意到第 7 行建立了一个与时间长度一致的值全为 1 的序列，此序列用于得到回归的常数项。第 10 行，利用“np.vstack()”函数将 3 个序列变成一个 30 × 3 的数组。

第 11 行，利用“np.linalg.lstsq()”进行多元线性回归。该函数的第一个参数是回归因子 / 预报因子，它是一个“样本量 × 因子个数”的数组；第二个参数是回归量 / 预报量。“rcond”参数是截断率，取“None”即可，不取值有的 Numpy 会出现警告。第 11 行函数返回值有 4 个，第一个是回归系数（三元素的元组），分别对应“X”数组中的 3 个回归因子；第二个是残差；第三个和第四个分别是回归矩阵的秩和特征值。常用的是第一个返回值，第 11 行将剩余的返回值用“*res”全部存入“res”变量，其中“*”表示无论多少返回值都赋予“res”变量，否则要写 3 个变量名。第 12 行，打印因子数组和系数的维。第 13 行，利用矩阵乘法函数“np.dot()”对矩阵进行乘法，得到一个 30 × 1 的矩阵，即预报因子，相当于对每个时次求解 $\hat{y} = b_0 + b_1x_1 + b_2x_2$；“np.dot()” 函数需要 2 个输入参数（矩阵 1 和矩阵 2），要求矩阵 1 第二个维度的长度与矩阵 2 第一个维度的长度相同，这与线性代数中矩阵乘法的要求完全相同。

```
14  fig = plt.figure(figsize=(11,8.5))
15  ax = fig.add_subplot(3,1,1)
16  ax.plot(y,color='k',label='Data',
17          linewidth=3,linestyle='-')
18  ax.plot(yh,color='gray',label='Regression',
19          linewidth=3,linestyle='--')
20  ax.legend(loc='lower right')
21  ax.text(-0.5,10,'(a)',fontsize=20)
```

第 14~21 行，使用原始数据和回归结果进行绘图（图 5.7）。

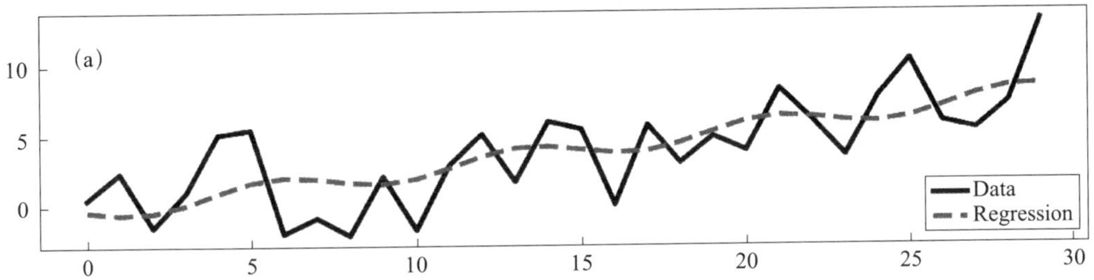

图 5.7　多元线性回归

利用“np.linalg.lstsq()”函数也可以做一元线性回归，如果是对时间序列（或连续的等间距序列）进行回归，则得到线性趋势。此外，利用“np.polyfit()”和“np.polyval()”也可以快速地得到趋势。

```
22  X = np.vstack([x0,x1]).T
23  b,*res = np.linalg.lstsq(X,y,rcond=None)
24  yh1 = np.dot(X,b)
25  pf = np.polyfit(time,y,1)
26  yt = np.polyval(pf,time)
```

第 22 行准备回归因子，此时仅有 2 个因子，一个是整数 1 的常数，另一个是时间序列。虽然函数需要 2 个因子，但是只有一个变量，因此是一元线性回归。第 23~24 行，与前面代码一致，利用"np.linalg.lstsq()"函数进行回归,利用矩阵乘法计算回归量。

第 25~26 行,利用"np.polyfit()"和"np.polyval()"等拟合函数计算趋势。"np.polyfit()"函数需要 3 个输入参数,第一个参数是时间序列;第二个参数是需拟合的数据,两个序列的长度必须一致;第三个参数是拟合的阶数,1 阶拟合是线性回归。当然还可以进行 2 阶以上的拟合,这里不作介绍。

```
27     ax = fig.add_subplot(3,1,2)
28     ax.plot(y,color='k',label='Data',
29             linewidth=3,linestyle='-')
30     ax.plot(yh1,color='gray',label='Trend',
31             linewidth=3,linestyle='--')
32     ax.legend(loc='lower right')
33     ax.text(-0.5,10,'(b)',fontsize=20)
```

第 27~33 行,对线性趋势进行绘制(图 5.8)。

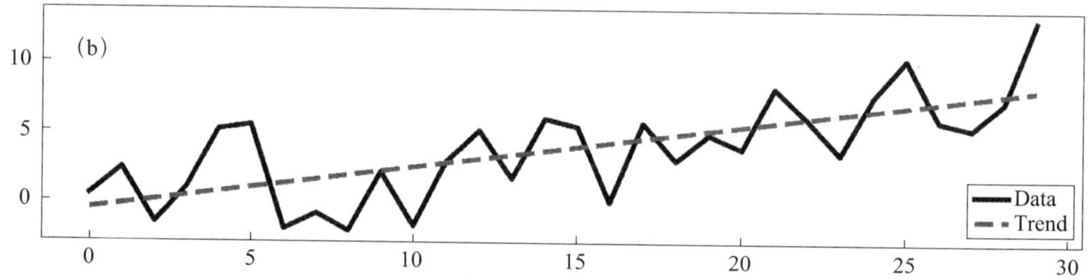

图 5.8　线性趋势

```
34     for i,x in enumerate([[y,yh],
35                           [y,yh1],
36                           [yh1,yt]]):
37         ax = fig.add_subplot(3,3,7+i)
38         ax.scatter(x[0],x[1],20,marker='o',
39                    edgecolor='k',facecolor='none')
40         ax.plot([-5,12],[-5,12],'--k',
41                 linewidth=0.5)
42         ax.set_xlim([-5,12])
43         ax.set_ylim([-5,12])
```

```
44                  ax.text(-4,9,'('+chr(ord('c')+i)+')',
45                          fontsize=20)
```

第 34~45 行，对数据间进行比较。图 5.9 从左至右分别呈现“原始数据和回归量”“原始数据和趋势”“线性回归和拟合”的数据结果。从图中可以看出，所有散点越接近图中的虚线表明 2 个数据越接近，使用回归函数和拟合函数的结果是一致的(图 5.9e)。

在气象上，常常涉及去趋势的操作，仅需使用原始数据“y”减去“yt”即可，或者使用“scipy.signal.detrend()”函数。

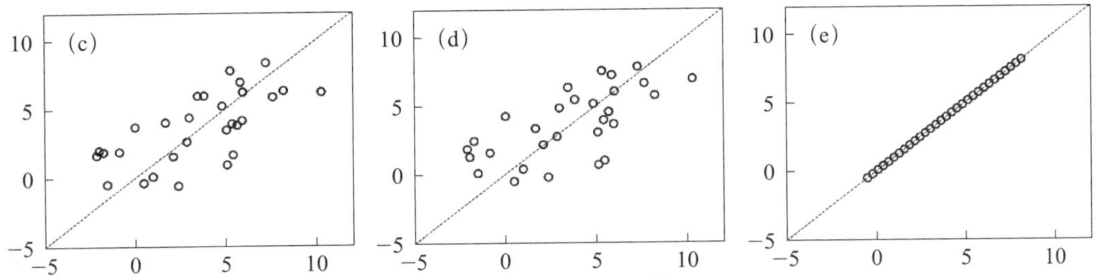

图 5.9 数据间的比较

(5)显著性检验

在气象上，解释统计结果前，需要先进行统计检验。统计上不显著的结果，其可信度较低。一般气象上常用的检验是 Student’s *t* 检验。此外，还可以构建随机分布进行显著性检验。需要使用到 Scipy 的“stats”模块。

```
1   import numpy as np
2   from scipy import stats
3   import matplotlib.pyplot as plt
4   def ttest(dat,mu):
5       m = np.mean(dat)
6       t = (m-mu)/np.std(dat)*np.sqrt(len(dat))
7       p = stats.t(len(dat)-1).cdf(t)
8       ta = stats.t(len(dat)-1).ppf(0.975)
9       print(t,ta,p)
10      return t,p,ta
```

第 2 行导入 Scipy 的“stats”模块。第 4~10 行，对数据的均值是否等于某一常数进行检验，该子函数的输入参数有一维数组数据和需要检验的数值。第 5 行，对数据求平均值。第 6 行，

利用 t 检验公式，$t=\dfrac{x-\mu}{\sigma_x}\sqrt{n}$，对数据的均值是否等于 μ 计算其 t 值。第 7 行，利用“stats.t().cdf()”函数计算该 t 值的累计概率，该函数是 t 分布的统计函数，其中“t()”的输入参数为自由度，为数据样本容量减 1，另外还有参数“loc”和“scale”，分别表示均值和方差，默认值是 0 和 1，此处也仅使用均值为 0、方差为 1 的 t 分布进行检验。“cdf()”是“stats”模块中所有分布均有的累计概率密度函数，输入参数为 t 值，表示 t 值位置之前的累计概率，其得到的数值为 0~1。利用计算得到的概率与 0.025 或 0.975 进行比较（双边检验），可确定是否推翻原假设。此外，也可以计算 t_α 值。第 8 行，利用“stats.t().ppf()”计算 t_α 值，该函数的输入参数是累计概率，得到的是对应的 t 值，需要计算概率为 0.025 或 0.975 的 t 值。

```
11 if __name__=='__main__':
12     np.random.seed(3)
13     time = np.arange(30)
14     dat = np.random.rand(30)*10-5+0.3*time
15     t,p,ta = ttest(dat,0)
5.741712524032624 2.045229642132703 0.9999983788365278
```

第 11 行开始为主函数，同样生成一个时间序列。第 15 行，检验数据的均值是否等于 0。得到的 t 值约为 5.74，对应的 p 值是 0.9999983，因此，原假设均值为 0 是一个小概率事件，推翻原假设。

```
16     x = np.linspace(-10,10,501)
17     y = stats.t(len(x)-1).pdf(x)
18     fig = plt.figure(figsize=(11,8.5))
19     for i,mu in enumerate([2,3]):
20         t,p,ta = ttest(dat,mu)
21         ax = fig.add_subplot(2,2,i+1)
22         ax.plot(x,y,'-k')
23         msk = x>=ta
24         pa = stats.t(len(y)-1).pdf(ta)
25         ax.fill(np.hstack((ta,ta,x[msk])),
26                 np.hstack(( 0,pa,y[msk])),
27                 color='lightgray')
28         ax.plot([t,t],[0,0.5],':k',linewidth=1)
```

```
29         ax.set_ylim([0,0.5])
30         ax.set_xlim([-5,5])
31         ax.text(-4.5,0.45,'('+chr(ord('a')+i)+')',
32                 fontsize=20)
```

第 16~32 行，利用 for 循环对均值是否等于 2 或 3 进行检验，并完成绘图。请读者根据前面所学知识理解上一段代码。第 17 行和第 24 行使用了“stats.t().pdf()”函数，该函数的输入参数为 t 值，返回值是对应的概率密度值，用其可绘出 t 分布（图 5.10）。

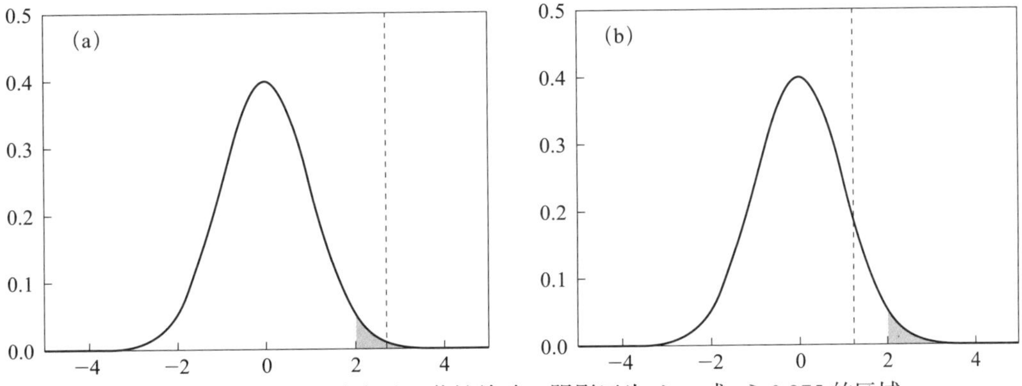

图 5.10　Student' s t 分布及显著性检验。阴影区为 $t \geq t_{\alpha}$ 或 $p \geq 0.975$ 的区域；点虚线表示被检验的值对应的 t 值

由图 5.10a 可知，数据的均值显著地不等于 2；从图 5.10b 可知，数据的均值显著地接近 3，其显著性水平为 5%。注意图中未将左边 $t \leq t_{\alpha}$ 绘出，如绘出后白色的区域就表示置信度。图 5.10a 表示数据有 95% 的可能不等于 2，而图 5.10b 则表示数据有 95% 的可能接近 3，其置信度为 95%。因此，显著性水平和置信度是同一件事的两个方面，请读者在使用显著性检验时务必注意正确描述。

对于相关系数，同样使用 t 检验。

```
import numpy as np
from scipy import stats
import matplotlib.pyplot as plt
def ttest(r,n):
    t = r/np.sqrt(1-r**2)*np.sqrt(n-2)
    p = stats.t(n-2).cdf(t)
    ta = stats.t(n-2).ppf(0.975)
```

```
8       return t,p,ta
```

第 1~8 行，与前面检验均值的方法相似，但是此处计算 t 值的方式有所差别（第 5 行），其公式为 $t=\frac{r}{\sqrt{1-r^2}}\sqrt{n-2}$。第 6 行，利用计算出的 t 值得到 p，服从自由度为 n−2 的 t 分布；第 7 行计算 t_α。

```
9   if __name__=='__main__':
10      np.random.seed(3)
11      time = np.arange(30)
12      dat = np.random.rand(30)*10-5+0.3*time
13      x2 = np.sin(4*2*time/30*np.pi)
14      for x in [time,x2]:
15          r = np.corrcoef(dat,x)[0,1]
16          t,p,ta = ttest(r,30)
17          print('r=','%6.3f' %(r),
18                't=','%6.3f' %(t),
19                'p=','%6.3f' %(p),
20                'ta=','%6.3f' %(ta))
r=  0.707 t=  5.295 p=  1.000 ta=  2.048
r= -0.259 t= -1.420 p=  0.083 ta=  2.048
```

第 9~20 行，计算回归中用到的 2 个因子（时间和 4 波简谐波）与原始数据的相关系数，然后进行 t 检验。数据与时间的相关系数约 0.707，t 值是 5.295，大于 t_α(2.048)，p 值接近 1，与时间的相关是显著的，显著性水平为 5%，说明线性趋势是显著的。与简谐波的相关系数为 −0.259，t 值为 −1.420，大于 −2.048，p 值为 0.083，大于 0.025，该相关系数是不显著的。

在实际应用中，不是所有的统计量都能构造出合适的分布值，假设不知道相关系数的 t 分布公式，此时可以使用随机分布进行显著性检验。下面介绍 Monte Carlo 检验。

```
21      R = []
22      for i in range(10000):
23          x = np.random.rand(30)
24          tmp = np.corrcoef(dat,x)[0,1]
25          R.append(tmp)
```

```
26     R = np.array(R)
27     for r in [0.707,-0.259]:
28         msk = R>=np.abs(r)
29         p = np.sum(msk)/len(msk)
30         print('r=','%6.3f' %(r),
31               'p=','%6.3f' %(p))
r=  0.707 p=  0.000
r= -0.259 p=  0.085
```

第 21~26 行，将 1 万次计算数据和一个随机序列的相关系数，存入变量 R，并将变量 R 变成 Ndarray。第 27~31 行，对 2 个相关系数值进行检验。第 28 行，利用 Ndarray 的比较运算判断 R 中的数值是不是都大于相关系数 r 的绝对值，此用法是 Ndarray 中常用的，它会逐一判断 R 中的每一个元素，最终得到一个布尔值的数组与 R 的维数一致，值为 0 或 1。第 29 行，利用布尔值为 0 或 1 的特点，计算 p 值。第 30~31 行，对相关系数和 p 值进行检验。当相关系数 r=0.707 时，p=0，说明 r=0.707 的相关不是随机产生的，是显著的；当 r=−0.259 时，p=0.085，它比 0.025 大，说明 r=−0.259 是不显著的，注意此处仍需使用双边检验。可以发现，用随机产生分布进行显著性检验与用 t 检验得到的 p 值是相当的。

有些函数的输出提供了用于表示显著性水平的 p 值，可以不需要再单独进行显著性检验。例如，在“scipy.stats”模块下提供了函数“pearsonr()”和“linregress()”可分别用来计算皮尔逊相关系数和线性回归，在计算相关和回归的同时也输出了 p 值。

(6) 谱分析和滤波

谱分析是气象上常用的提取数据周期特征的方法，使用的原理就是快速傅里叶变换，有时得到的周期较为杂乱不明显时，还会对谱分析结果进行平滑处理。

```
import numpy as np
from scipy.signal import detrend
import matplotlib.pyplot as plt
def specx_anal(dat,smooth=0):
    dat = detrend(dat)
    frq = np.fft.fftfreq(len(dat))
    p = np.fft.fft(dat)
    p = np.abs(p)**2 #p.real**2+p.imag**2
    n = len(p)
```

```
10      if smooth:
11          wgt = np.ones(smooth)
12          wgt[[0,-1]] = 0.5
13          p0 = p.copy()
14          half = smooth//2
15          for i in range(half,n-half):
16              p0[i]=np.average(
17                      p[i-half:i+half+1],
18                      weights=wgt)
19          p = p0
20      df = frq.copy()
21      df[1:] = frq[1:]-frq[:-1]
22      df[0] = df[1]
23      p = p*df*2
24      return frq,p
```

第 2 行导入“scipy.signal”的“detrend()”函数。第 4~19 行，定义谱分析子函数，输入参数为一维序列和滑动平均窗口长度。首先去趋势（第 5 行）。利用“np.fft.fftfreq()”函数计算频率（第 6 行），输入参数为数据的长度。第 7 行，利用“np.fft.fft()”函数进行快速傅里叶变换，得到谱结果（复数）。第 8 行，计算实部平方和虚部平方的和（与注释部分的代码结果一致）。

第 10~19 行，对结果进行滑动平均（Daniell 滑动平均），如果“smooth=0”，不做平滑，反之则进行平滑，该滑动平均与一般的滑动平均不同，对窗口两端的权重取 0.5，中间的权重取 1。第 20~23 行，将得到的谱乘频率的间隔再乘 2。上述方法与 NCL 提供的函数的谱分析方法一致。最后，返回频率和周期谱。注意滑动平均可能会产生误差。

```
25  if __name__=='__main__':
26      np.random.seed(3)
27      n = 128
28      time = np.arange(n)
29      dat = np.random.rand(n)*10-5+0.3*time
30      x1 = np.sin(12*2*time/n*np.pi)
31      x2 = np.sin( 4*2*time/n*np.pi)
32      dat = dat+5*x2+3*x1
```

第 25 行开始为主函数。第 26~32 行，生成 1 个随机序列、1 个线性趋势和 2 个周期分别为 128/4=32 和 128/12≈10.7 的谐波数据(图 5.11a,绘图代码省略,请读者自行绘制)。

```
33      frq, p = specx_anal(dat,smooth=3)
```

第 33 行调用谱分析函数,此处将滑动平均设为 3。数据的周期非常明显,也可以不进行平滑。建议进行平滑处理前,要观察原始谱周期的特点再决定是否进行平滑。平滑的目的是使被隐藏的周期更明显,而不是制造虚假信号。

```
34      msk = frq>0
35      frq = frq[msk]
36      p = p[msk]
37      fig = plt.figure(figsize=(11,8.5))
38      ax = fig.add_subplot(2,1,2)
39      ax.plot(1/frq,p,'-k',linewidth=2)
40      for k in [4,12]:
41          ax.plot([n/k,n/k],[0,1500],
42                  linestyle='--',
43                  color='gray',linewidth=1)
44      ax.set_xlim([0,128])
45      ax.set_ylim([0,1500])
46      ax.text(2,1300,'(b)',fontsize=20)
```

第 34~36 行,利用 Ndarray 的布尔值索引,使用频率为正的结果。第 37~46 行,将原始数据和谱分析结果进行绘制,并绘出 2 个已知的周期。从图 5.11b 可以看出,2 个灰色虚线刚好与谱的 2 个峰值重合。

此外,还可以直接调用 Scipy 中的“signal.periodogram()”函数进行谱分析,它提供了更丰富的信号处理参数(图 5.12,绘图代码省略,请读者自行绘制)。

```
import numpy as np
from scipy.signal import periodogram,detrend
from scipy import stats
import matplotlib.pyplot as plt
def specx_ci(dat,smooth=0,a=0.05):
    frq, p=periodogram(dat,fs=1,
```

```
                        detrend='linear',
                        scaling='density')
    n = len(p)
    df = 2
    if smooth:
        wgt = np.ones(smooth)
        wgt[[0,-1]] = 0.5
        wgt = wgt/np.sum(wgt)
        wgtsq = np.sum(wgt**2)
        df = df/wgtsq
        p0 = p.copy()
        half = smooth//2
        for i in range(half,n-half):
            p0[i]=np.average(p[i-half:i+half+1],
                             weights=wgt)
        p = p0
```

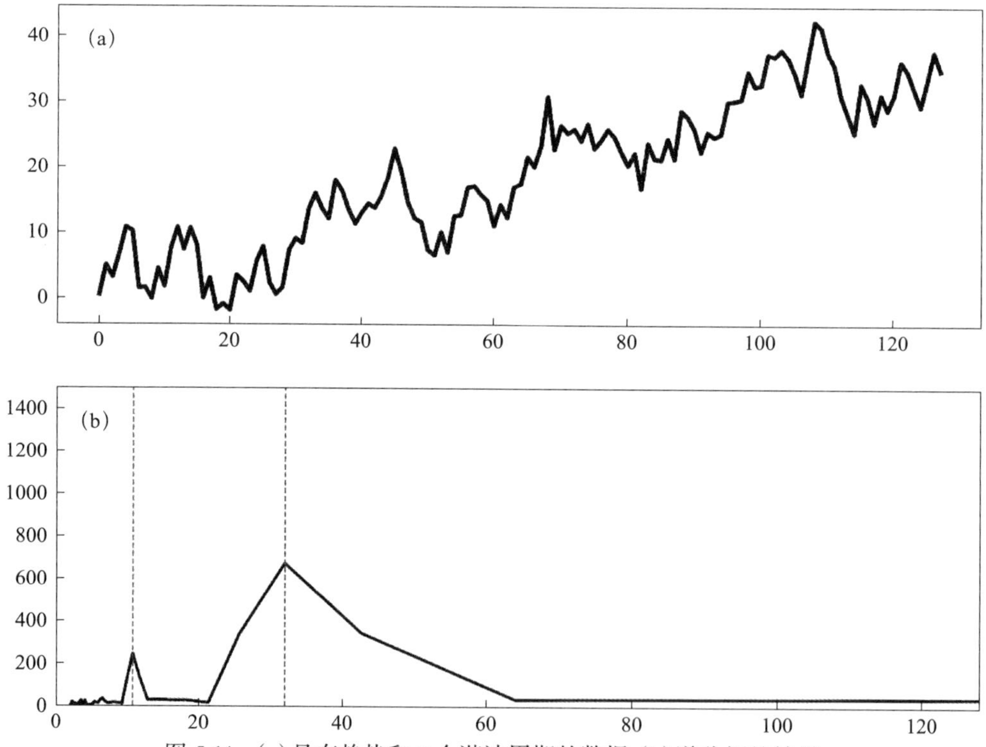

图 5.11 (a)具有趋势和 2 个谐波周期的数据;(b)谱分析的结果

第 6 行，利用“periodogram()”函数进行谱分析，该函数在第 2 行导入。第 11~22 行，对谱结果进行平滑。第 13~26 行，计算平滑后的自由度，用于红噪检验。

```
23      dat = detrend(dat)
24      phi = np.corrcoef(dat[1:],dat[:-1])[0,1]
25      n = len(dat)
26      mkov = 1./(1+phi**2-2*phi*np.cos(2*np.pi*frq))
27      S = np.sum(p)/np.sum(mkov)*mkov
28      Sa = S/df*stats.chi2(df).ppf(1-a)
29      return frq,p,Sa
```

第 23 行对数据去趋势，计算时滞为 1 的自相关(第 24 行)，计算 Markov 红噪谱(第 26 行)；第 27 行，将红噪谱“放大”到由数据计算的谱；第 28 行，利用卡方分布计算显著性水平为“a”、自由度为“df”的红噪谱；第 29 行返回结果。对于谱分析的原理和红噪检验的原理，本书不详细介绍，该结果与 NCL 的红噪检验方法一致，读者可参考相关统计书籍。

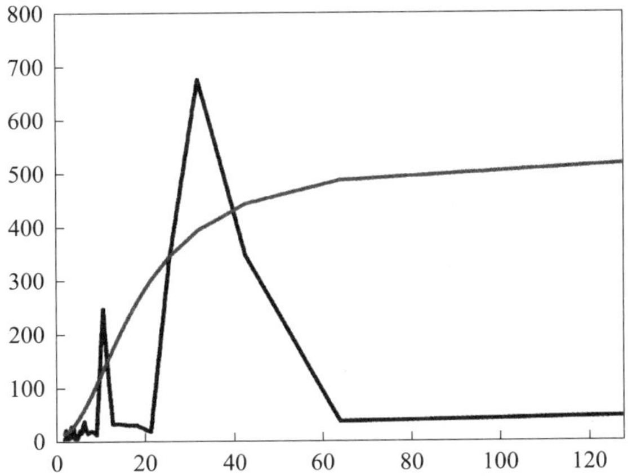

图 5.12　利用 Scipy 的“signal.periodogram()”函数进行谱分析并进行红噪检验（灰线）

“periodogram()”函数的第一个参数是数据；第二个参数表示数据的时间分辨率（频率）；参数“detrend”是去掉趋势，可以是线性的“linear”，也可以不是（这里不介绍）；“scaling”参数有 2 个选项，“density”与前面利用 Numpy 计算的结果是一致的。最后，该函数还有“window”参数，专门用于信号处理窗口，例如，可使用 Kaiser 窗口将信号中的主要周期加强，感兴趣的读者可以进一步尝试。

上面处理谱问题时，编写了滑动平均函数。Scipy 有“savgol_filter()”函数，可以进行等权重的滑动平均，还可以进行二次平滑。它的第一个输入参数为数据；第二个参数表示进行几点平滑;第三个参数是平滑的阶数,1 表示等权重的滑动平均,2 是二次平滑,以此类推;位置参数“mode”是边界处理方式,有“mirror”“nearest”“wrap”“interp”和“constant”5 个选项,如设成“constant”,须另设置“cval”参数,对于非循环的数据使用“mirror”或“nearest”选项较为合理。

```
1   from scipy import signal
2   import numpy as np
3   import matplotlib.pyplot as plt
4   if __name__=='__main__':
5       np.random.seed(3)
6       n = 128
7       time = np.arange(n)
8       dat = np.random.rand(n)*10-5+0.3*time
9       x1 = np.sin(12*2*time/n*np.pi)
10      x2 = np.sin( 4*2*time/n*np.pi)
11      dat = dat+5*x2+3*x1
```

第 1~11 行,继续使用前面的数据。第 1 行将“signal”整体导入。

```
12      dats = signal.detrend(dat)
13      fig = plt.figure(figsize=(11,8.5))
14      ax = fig.add_subplot(3,1,1)
15      ax.plot(time,dats,linestyle='--',
16              color='gray',linewidth=2)
17      dats = signal.savgol_filter(dats,5,1,
18                                  mode='mirror')
19      ax.plot(time,dats,color='k',
20                linewidth=3)
```

第 12 行,为了使滑动平均的结果更直观,将趋势去除(读者在实际应用中应根据具体要分析的问题,选择要处理的方式)。第 13~20 行,绘制去趋势的结果和滑动平均的结果。第 17~18 行,利用“savgol_filter()”函数进行 5 点 1 次平滑,边界处理选择“mirror”(图 5.13),读者还可以进行 5 点 2 次、5 点 3 次等操作。

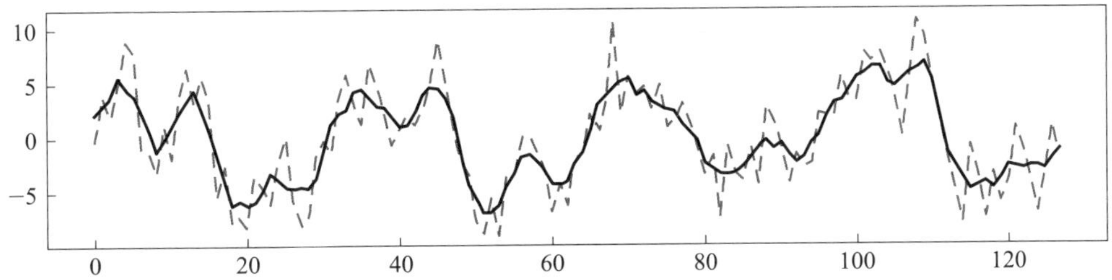

图 5.13　5 点 1 次平滑

从“savgol_filter()”的名称上可以看出,它是一个滤波器,平滑是最简单的低通滤波器。Scipy 对信号处理提供了丰富的函数,可以进一步进行高通、带通滤波。此处介绍气象上常用的 Butterworth 滤波器。接着上面的代码,假设它是一个 128 年的数据(也可想成分、时、月)。

```
21    sos = signal.butter(3,2/20,btype='low',
22                        output='sos')
23    datf = signal.sosfiltfilt(sos,dat,axis=-1)
24    ax = fig.add_subplot(3,1,2)
25    ax.plot(time,dat,linestyle='--',
26            color='gray',linewidth=2)
27    ax.plot(time,datf,color='k',
28            linewidth=3)
```

第 21~23 行进行低通滤波,将 20 年以下的信号滤去,也就是让 20 年以上的变化通过。首先使用“signal.butter()”函数制造滤波器,它的第一个参数是滤波的阶数,常用 3 阶,阶数越高滤波的效果越强;第二个参数是 Nyquist 频率,取值 0~0.5,气象上常用半周期的倒数表示,此处写成 2/20,可以看出是滤去 20 年以下的信号;“btype”参数是指要进行何种滤波,有“low”“high”和“band”3 个选项,分别是低通、高通和带通滤波;“output”使用“sos”选项。第 23 行,使用“sosfiltfilt()”函数进行滤波,该函数的第一个参数是滤波器返回的“sos”,第二个参数是数据,“axis”表示对第几个维度进行滤波,说明该函数可以针对数组进行滤波。第 24~28 行进行绘图(图 5.14)。感兴趣的读者,可以对滤波的数据进行谱分析,会发现仅在 32 年有一个峰值。

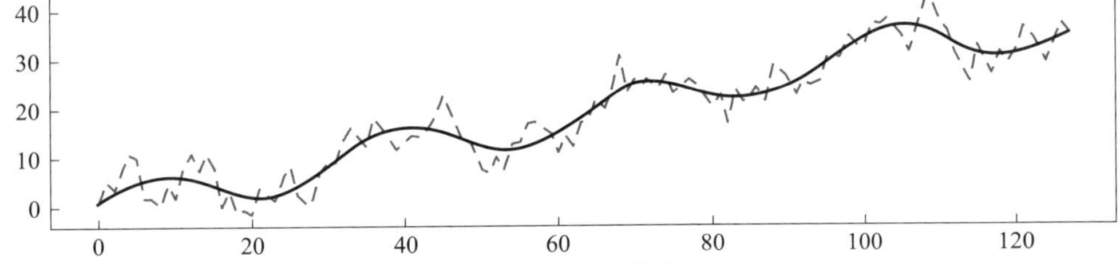

图 5.14　低通滤波

此外,还可以开展高通滤波,比如滤去 20 年以上的,只需将“dtype”参数改成“high”,这里不进行演示,请读者自行尝试。下面介绍带通滤波,如果仅需要 10~60 年的信号,就可以进行带通滤波。

```
29  sos = signal.butter(3,[2/60,2/10],
30                      btype='band',
31                      output='sos')
32  datf = signal.sosfiltfilt(sos,dat,axis=-1)
33  ax = fig.add_subplot(3,1,2)
34  dat = signal.detrend(dat)
35  ax.plot(time,dat,linestyle='--',
36          color='gray',linewidth=2)
37  ax.plot(time,datf,color='k',
38          linewidth=3)
```

第 29~30 行设计带通滤波器,相较于低通滤波,它的第二个参数是一个具有 2 个元素的列表,是 2 个半周期的倒数(注意周期虽然是由大到小,但倒数变成由小到大),如果需要带通滤波,“btype”需改成“band”。第 34 行,为了将未滤波的数据与滤波数据进行比较,进行了去趋势处理,读者可以发现去趋势的同时也会减掉平均值(图 5.15)。

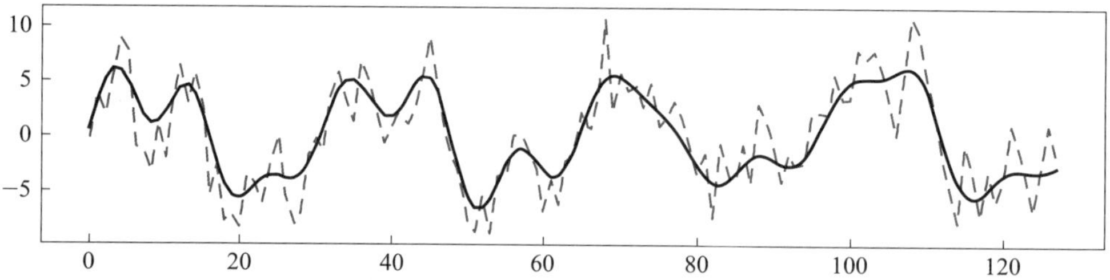

图 5.15　带通滤波

同样,感兴趣的读者也可以对带通滤波的结果进行谱分析,看看峰值主要出现在什么位置以及是否显著等。

(7)EOF 分解

EOF 分解是气象上常用的提取数据时空变化特征的方法,其核心思想就是求解矩阵的特征值和特征向量。在前面的基础上继续使用生成的数据讲解 EOF。

```
import numpy as np
```

```
2  import xarray as xr
3  from scipy.stats import binned_statistic_2d
4  import matplotlib.pyplot as plt
5  def crdat():
6      lon = np.arange(0,360,2.5)
7      lat = np.arange(-90,91,2.5)
8      x,y = np.meshgrid(lon,lat)
9      m, n = (1,2)
10     A = 100*np.sin(n*y/180*np.pi)**2
11     dat = []
12     for i in range(100):
13         tmp = A*np.sin(m*x/180*np.pi-2*np.pi*i/100)
14         dat.append(tmp)
15     dat = xr.DataArray(dat,dims=('time','lat','lon'),
16                   coords={'time':np.arange(100),
17                           'lat':lat,
18                           'lon':lon})
19     return dat
```

第 1~19 行，与前面使用的数据相似，第 12~14 行将数据拓展到 100 个时次，在这 100 个时次内谐波沿纬向完成一个周期。第 15~18 行，将数据变成 Xarray 的 DataArray，方便对数据区域的选择。

```
20 def caleof(dat):
21     m = dat.shape
22     dat = dat - np.tile(np.mean(dat,0),
23                         (m[0],1,1))
24     X = dat.reshape(m[0],-1)
25     print(X.shape)
26     A = np.dot(X,X.T)
```

第 20~38 行，定义了 EOF 分解的子函数。输入参数是一个三维数据，分别是时间、纬度和经度。第 22~23 行，将数据进行中心化处理，去掉均值，做 EOF 分解通常要对距平或异常进行分解。第 24 行，将数据变成“时间 × 格点”的形状，如果读者使用站点数据，可以直接到这一步骤(当然也需要对代码进行一些调整)。第 25 行,可以查看数组的形状。第 26 行,利用矩阵乘法,根据 EOF 的分解原理 $\boldsymbol{A}=\boldsymbol{X}\boldsymbol{X}^{\mathrm{T}}$ 得到 $\boldsymbol{A}$ 矩阵,可以注意到存储的数据是“时间 × 格点”,得到的 $\boldsymbol{A}$ 是“时间 × 时间”,完成分解时需要进行时空转换。

```
27      lmd, u = np.linalg.eigh(A)
28      lmd = lmd[::-1]
29      u = u[:,::-1]
30      V = np.dot(X.T,u)
31      V = V/np.tile(np.sqrt(np.abs(lmd)),
32                    (X.shape[1],1))
33      Z = np.dot(X,V)
34      V = V*np.tile(np.std(Z,0),(X.shape[1],1))
35      Z = Z/np.tile(np.std(Z,0),(m[0],1))
36      V = V.reshape(m[1],m[2],-1)
37      ro = lmd/np.sum(lmd)
38      return ro,V,Z
```

第 27 行是 EOF 分解的核心程序。利用“np.linalg.eigh()”函数计算 $\boldsymbol{A}$ 矩阵的特征值和特征向量,返回的结果按照特征值从小到大进行排列,一般 EOF 分析需要特征值大的模态。因此,第 28~29 行对特征值和特征向量进行了反序处理。此处,返回的特征值“lmd”是一个一维序列,特征向量“u”是一个二维数组,第 0 维是“时间”,第 1 维是“模态”。第 31~32 行进行时空转换,理论上“lmd”应是正值,但是特征值求解是迭代出来的结果,对于接近 0 的浮点数,可能出现负值,因此,第 31 行将“lmd”取了绝对值,以免出现警告。

第 33 行,利用矩阵乘法求时间系数,得到的矩阵“Z”为“时间 × 模态”。由于“np.linalg.eigh()”函数返回的特征向量是无量纲的(被标准化过),而一般气象应用时需要 EOF 模态是有量纲的。因此,第 34 行将特征向量乘时间系数的标准差,使其有量纲;而第 35 行将时间系数除以标准差,使其无量纲。第 37 行,利用特征向量计算解释方差。由“np.linalg.eigh()”函数返回的“lmd”是第 33 行时间系数矩阵乘法的对角矩阵,即 λ^2。对 EOF 分解不熟悉的读者,建议先弄懂 EOF 原理,避免使用时出现错误。

```
39  if __name__=='__main__':
40      dat = crdat()
41      dat = dat.loc[:,10:80,100:280]
42      ro,V,Z = caleof(dat.to_numpy())
```

从第 39 行开始为主函数，调用生成数据的代码(第 40 行)，从中选取约 1/4 网格的数据(第 41 行)。从所选的区域可以想象出，波的正负中心从这里经过，这里主要包含波的过渡过程和波的正负中心。如果进行 EOF 分解，得到的应该是波的正负中心变化和波的过渡过程变化。下面使用第 42 行返回的结果进行绘图。

```
43     levels = list(range(-100,100,20))
44     levels.remove(0)
45     fig = plt.figure(figsize=(11,8.5))
46     for i in range(2):
47         ax = fig.add_subplot(2,2,i+1)
48         c = ax.contour(dat['lon'],dat['lat'],
49                V[:,:,i],levels=levels,
50                colors='k')
51         ax.text(105,15,
52              '('+chr(ord('a')+i)+') '+ \
53              'EOF'+str(i+1)+' '+ \
54              '%6.2f' %(ro[i]*100)+'%',
55              backgroundcolor='w',
56              fontsize=15)
57         ax.clabel(c)
58         ax = fig.add_subplot(4,2,i+5)
59         ax.plot(Z[:,i],'-k')
60         ax.text(-0.5,1,
61              '('+chr(ord('c')+i)+') '+ \
62              'PC'+str(i+1),
63              fontsize=15)
```

图 5.16 给出了 EOF 分解的前 2 个模态，可以注意到前 2 个模态的解释方差之和达到了 100%。

除了使用 Numpy 的函数求特征值和特征向量，读者也可以使用 scikit-learn 模块中的函数进行 EOF 分解，本书不再介绍，感兴趣的读者可以自行阅读该模块官网上关于 FactorAnalysis 部分的内容(https://scikit-learn.org/)。

(8)SVD 分解

在气象上，有时会探讨两个场之间的联系，此时会用到 SVD 分解。

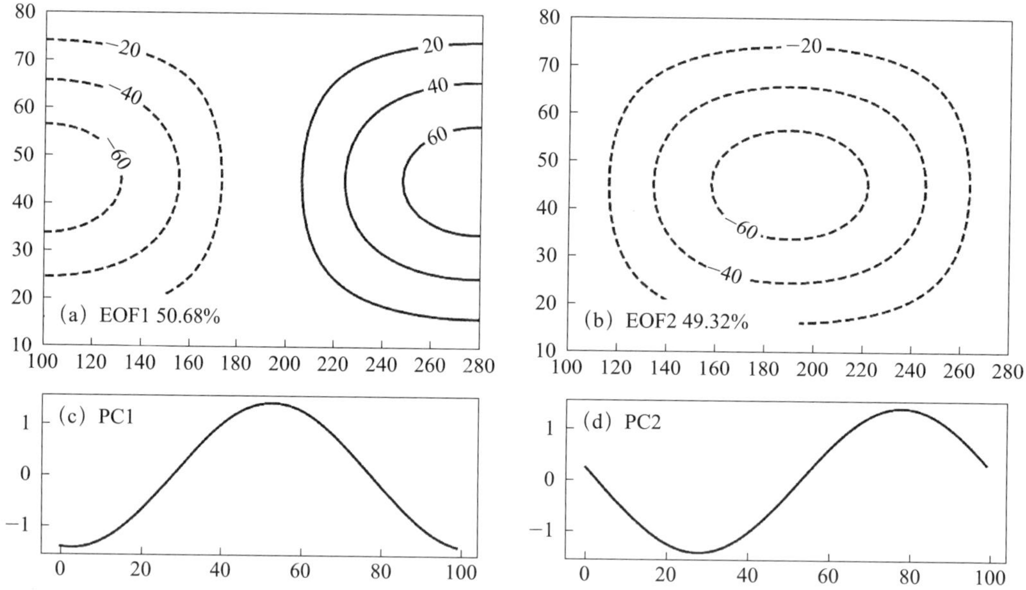

图 5.16　EOF 分解

```python
import numpy as np
import xarray as xr
from scipy.stats import binned_statistic_2d
import matplotlib.pyplot as plt
def crdat():
    lon = np.arange(0,360,2.5)
    lat = np.arange(-90,91,2.5)
    x,y = np.meshgrid(lon,lat)
    m, n = (1,2)
    A = 100*np.sin(n*y/180*np.pi)**2
    B = 150*np.cos(n*y/180*np.pi)**2
    dat = []
    for i in range(100):
        tmp = A*np.sin(m*x/180*np.pi-2*np.pi*i/100)+ \
           B*np.sin(np.random.sample(x.shape)*np.pi)
        dat.append(tmp)
    dat = xr.DataArray(dat,dims=('time','lat','lon'),
                   coords={'time':np.arange(100),
                         'lat':lat,
```

```
20                              'lon':lon})
21     return dat
```

第 1~21 行，与 EOF 中使用的数据相似。第 11 行和第 15 行为数据加入了点噪声，使振幅小的地方噪声大。

```
22 def calcor(dat,T):
23     m = dat.shape
24     T = np.tile(T,(m[1],1)).T
25     fnc = lambda x: (x -
26        np.tile(np.mean(x,0),(x.shape[0],1)))/ \
27        np.tile(np.std(x,0) ,(x.shape[0],1))
28     dat = fnc(dat)
29     T = fnc(T)
30     r = np.mean(dat*T,0)
31     return r
```

一般要对 SVD 分解的结果计算非齐次场，需计算相关系数。第 22~31 行，定义一个子函数，计算一个一维的时间序列“T”和一个二维“时间 × 空间”数组间的相关系数。首先，将一维序列复制成二维数组（第 24 行）；然后，对 2 个数组进行标准化处理（第 25~29 行）；最后，利用标准化数据的性质计算相关系数（第 30 行）。

```
32 def calsvd(dat0,dat1):
33     m = dat0.shape
34     n = dat1.shape
35     X = dat0.reshape(m[0],-1)
36     Y = dat1.reshape(n[0],-1)
37     A = np.dot(X.T,Y)
38     u,s,v = np.linalg.svd(A,full_matrices=False)
39     Tu = np.dot(X,u)
40     Tv = np.dot(Y,v.T)
41     ro = s/np.sum(s)
42     rlft = calcor(X,Tv[:,0])
43     rrgt = calcor(Y,Tu[:,0])
```

```
44      rlft = rlft.reshape(m[1],m[2])
45      rrgt = rrgt.reshape(m[1],m[2])
46      r = np.corrcoef(Tv[:,0],Tu[:,0])[0,1]
47      return r,ro,rlft,rrgt
```

第 32~47 行，定义子函数，计算两个场之间的 SVD。注意：计算 SVD 前一般需要对数据进行中心化或标准化处理（此处未作处理）。第 33~36 行，与 EOF 相似，将两个场分别变成“时间 × 空间”的数组。第 37 行，利用矩阵乘法得到 $\boldsymbol{A}$ 矩阵，$\boldsymbol{A}=\boldsymbol{X}\boldsymbol{Y}^{\mathrm{T}}$。第 38 行，利用“np.linalg.svd()”函数计算出 SVD 分解，它的输入参数有 $\boldsymbol{A}$，“full_matrices”参数设成“False”，这样返回的 2 个特征向量的模态个数以空间格点最少的那个矩阵为主。返回值“u”“s”和“v”分别对应于 $\boldsymbol{A}=\boldsymbol{X}\boldsymbol{Y}^{\mathrm{T}}=\boldsymbol{U}\boldsymbol{\Sigma}\boldsymbol{V}^{\mathrm{T}}$ 中的 $\boldsymbol{U}$、$\boldsymbol{\Sigma}^2$ 和 $\boldsymbol{V}^{\mathrm{T}}$。因此，计算时间系数时（第 39~40 行）要进行转置处理。第 41 行计算解释协方差。第 42 行计算第一模态的左非齐次场，即右场的时间系数与左原始场相关；同理，第 43 行计算第一模态的右非齐次场。第 44~45 行，将相关系数的空间格点变成两维。第 46 行计算第一模态 2 个时间系数间的相关系数。第 47 行，返回第一模态相关系数，解释协方差，左、右非齐次场。

```
48  def smth9(dat):
49      tmp = dat.copy()
50      tmp[1:-1,1:-1] =   dat[1:-1,1:-1]*1.0+ \
51        dat[:-2,1:-1]*0.5+dat[2:,1:-1]*0.5+ \
52        dat[1:-1,:-2]*0.5+dat[1:-1,2:]*0.5+ \
53        dat[ :-2,:-2]*0.3+dat[2:,  2:]*0.3+ \
54        dat[2:,  :-2]*0.3+dat[ :-2,2:]*0.3
55      tmp[1:-1,1:-1] = tmp[1:-1,1:-1]/(1+0.5*4+0.3*4)
56      return tmp
```

由于加入了噪声，后期绘图时有的部分较杂乱。第 48~56 行，定义针对二维数组的空间 9 点平滑子函数，输入参数是一个二维数组，9 点平滑的中心点权重为 1，相邻的、在坐标轴线上的 4 个点权重为 0.5，对角线上的 4 个点权重为 0.3。该函数对区域边界未作处理。

```
57  if __name__=='__main__':
58      dat = crdat()
59      dat0 = dat.loc[:,10:80,100:280]
60      dat1 = dat.loc[:,-80:-10,0:180]
61      r,ro,rlft, rrgt = calsvd(dat0.to_numpy(),
```

```
62                                   dat1.to_numpy())
63      print(r,ro[0])
0.753605287978615 0.466148932486802
```

第 57 行开始为主函数。第 58~60 行，调用生成数据的代码(读者也可以使用自己的数据)，选取 2 个区域(可以大小不同)。第 61~62 行，调用计算 SVD 的子函数。第 63 行，打印相关系数和解释协方差。第一模态左右场(图 5.17)的相关系数约为 0.75，解释协方差约为 46.61%。

```
64      fig = plt.figure(figsize=(11,8.5))
65      levels = list(np.arange(-1,1,0.2))
66      #rlft = smth9(rlft)
67      #rrgt = smth9(rrgt)
68      ax = fig.add_subplot(2,2,1)
69      c = ax.contour(dat0['lon'],dat0['lat'],rlft,
70                 levels=levels,colors='k')
71      ax.clabel(c,colors='gray')
72      ax = fig.add_subplot(2,2,2)
73      c = ax.contour(dat1['lon'],dat1['lat'],rrgt,
74                levels=levels,colors='k')
75      ax.clabel(c,colors='gray')
```

第 64~75 行，绘制左右非齐次场(图 5.17)。通过图 5.17 可以看出两个空间场之间的联系。由于在数据中加入了噪声，振幅越小的地方噪声越大，此时可以调用前面定义的“smth9()”函数对结果进行空间平滑处理。如果将第 66~67 行注释取消，就可以得到平滑的结果(图 5.18)。读者可以对比图 5.17 和图 5.18 的差别。

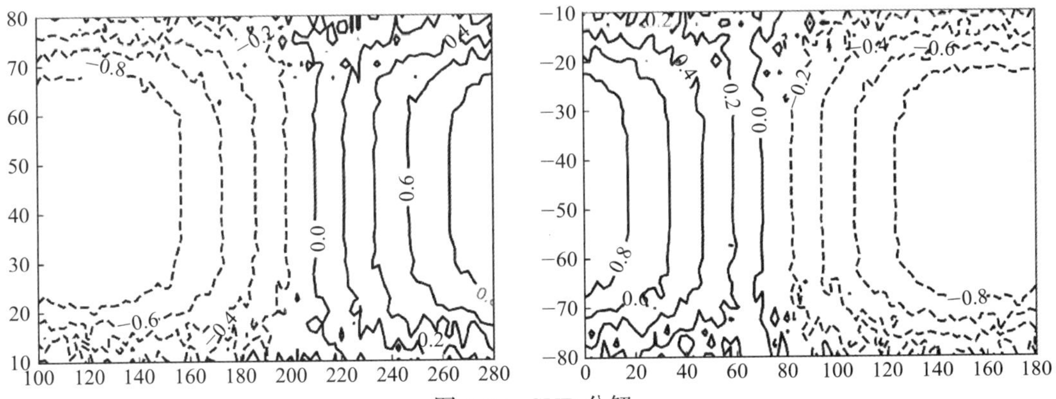

图 5.17　SVD 分解

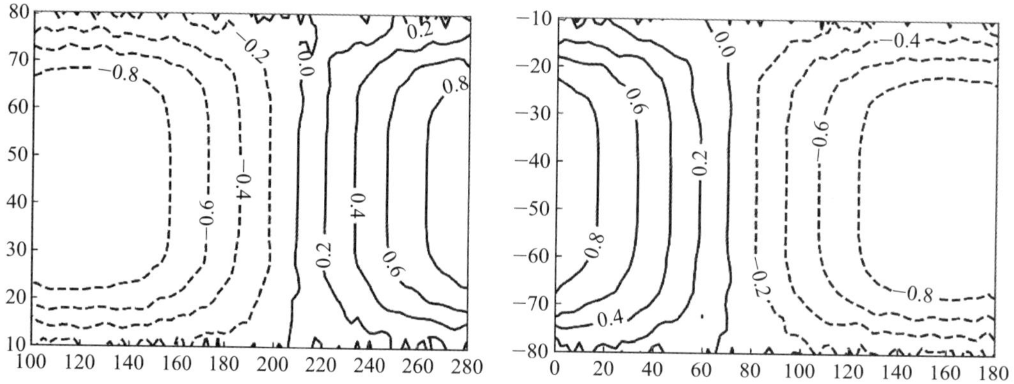

图 5.18　空间 9 点平滑

(9)聚类分析

聚类分析是气象上常用的统计方法,用于将具有相同特性的数值聚在一起,特别在进行天气 / 气候的分型时使用非常方便。常用的聚类方法很多,本小节仅介绍其中最常用且使用方便的 K-means 聚类方法。该方法仅需要提供一个 *k* 值,即分类的个数,就可完成聚类分析。

```
1   import matplotlib.pyplot as plt
2   import numpy as np
3   from sklearn.cluster import KMeans
```

第 3 行,导入 “sklearn.cluster” 中的 “KMeans()” 函数。“cluster” 是 Scikit-learn 中的分类模块,其中有许多分类函数,“KMeans()” 只是其中之一。

```
4   def crdat():
5       x0 = np.arange(100)*360/100
6       y0 = np.arange(100)*360/100
7       x, y = np.meshgrid(x0,y0)
8       V = []
9       for i in range(2):
10          for j in range(2):
11              c = np.sin(0.5*(j+1)*x/180*np.pi)* \
12                  np.sin(0.5*(i+1)*y/180*np.pi)
```

```
13             c = c/np.sqrt(np.sum(c**2))
14             V.append(c.flatten())
15     n = 250
16     X = []
17     for i in range(4):
18         theta = np.random.rand(n)*2*np.pi
19         z = 100*np.sin(theta)
20         z = z.reshape(-1,1)
21         v = V[i].reshape(1,-1)
22         X.append(np.dot(z,v))
23     X = np.array(X)
24     X = X.reshape(-1,len(y0),len(x0))
25     I = np.arange(X.shape[0])
26     np.random.shuffle(I)
27     X = X[I]
28     V = np.reshape(V,(4,len(y0),len(x0)))
29     return x,y,X,V
```

第 4~29 行，利用三角函数建立一个 1000 × 100 × 100 的数组“X”，最后 2 个维度是它的纵坐标和横坐标，第一个维度表示样本数。

```
30 if __name__=='__main__':
31     x,y,X,V = crdat()
32     fig = plt.figure(figsize=(11,8.5))
33     for i in range(4):
34         ax = fig.add_subplot(2,2,i+1)
35         ax.contour(x,y,V[i],
36                    levels=10,colors='k')
```

第 30 行开始为主函数，调用生成数据的代码后（第 31 行），将变量“V”绘出（图 5.19）。从子函数“crdat()”可以看出，“X”是 4 种模态“V”各乘 250 个 −100~100 的随机数得到的一个矩阵，其样本有 1000 个。“V”的 4 种模态如图 5.19 所示。若对“X”进行分类，其类别应当是“V”模态个数的 2 倍，那是因为第 22 行对“V”的模态乘的随机数有正有负（−100~100）。

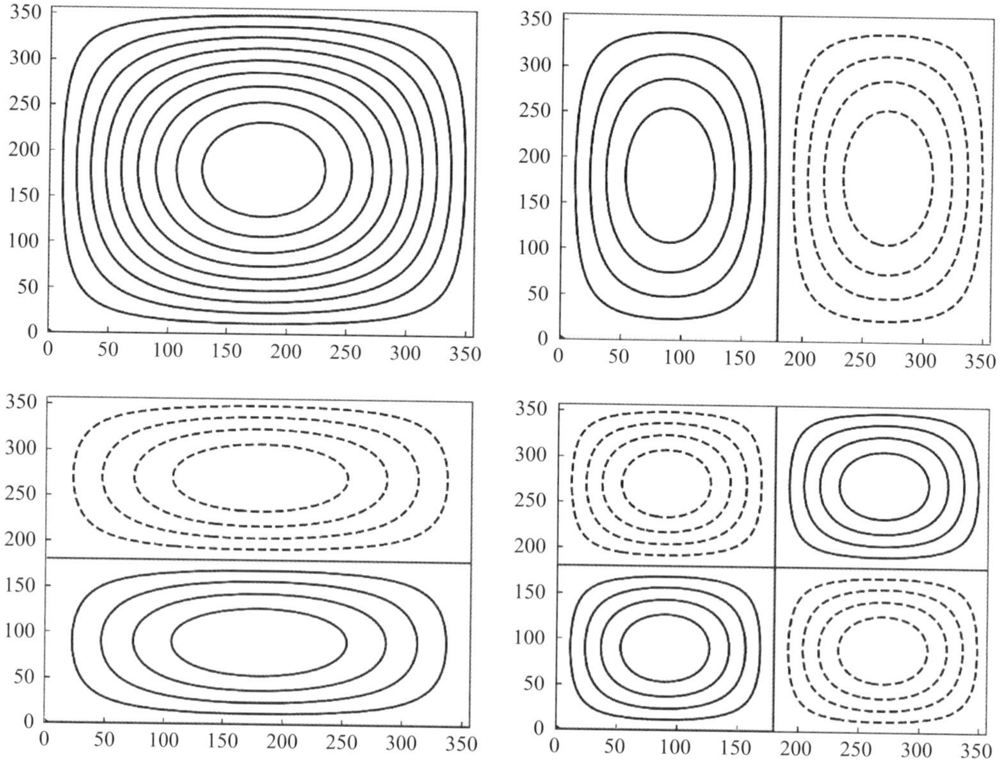

图 5.19　变量“V”中包含的 4 种模态

```
37    F = X.reshape(X.shape[0],-1)
38    model = KMeans(n_clusters=8,init='k-means++')
39    kmeans = model.fit(F)
40    lb = kmeans.labels_
```

第 37 行，为“KMeans()”函数准备输入的特征量，Scikit-learn 中称 features，它的大小是“样本容量 × 特征数”。在这段代码里，各个样本间的特征差异是由空间分布反映的，因此，特征数是格点的个数。第 37 行，将变量“X”变成“样本数 × 格点数”。Scikit-learn 函数的使用，一般先设定参数（第 38 行），此处“KMeans()”函数的主要参数是“n_clusters”，设成 8 表示分成 8 类，“init”表示初始方案，“k-means++”方案较“random”方案好，也是默认方案；然后对设定参数的模型进行“训练”（第 39 行），使用模型的“fit()”函数，它的输入参数就是特征量。此外，模型还有“predict()”函数，它可将输入的特征量变成分类的标签。第 40 行，使用训练好的模型中的“labels_”属性，可以看到分类的标签结果，它将输入的特征量分成“n_clusters”类，此处为 8 类,标签为 0~7 的整数。

```
41     fig = plt.figure(figsize=(11,8.5))
42     for i in range(8):
43         msk = lb==i
44         ax = fig.add_subplot(3,3,i+1)
45         ax.contour(x,y,np.mean(X[msk],0),
46                    levels=10,colors='k')
```

第 41~46 行,对 8 类标签所对应的“X”进行合成(图 5.20)。

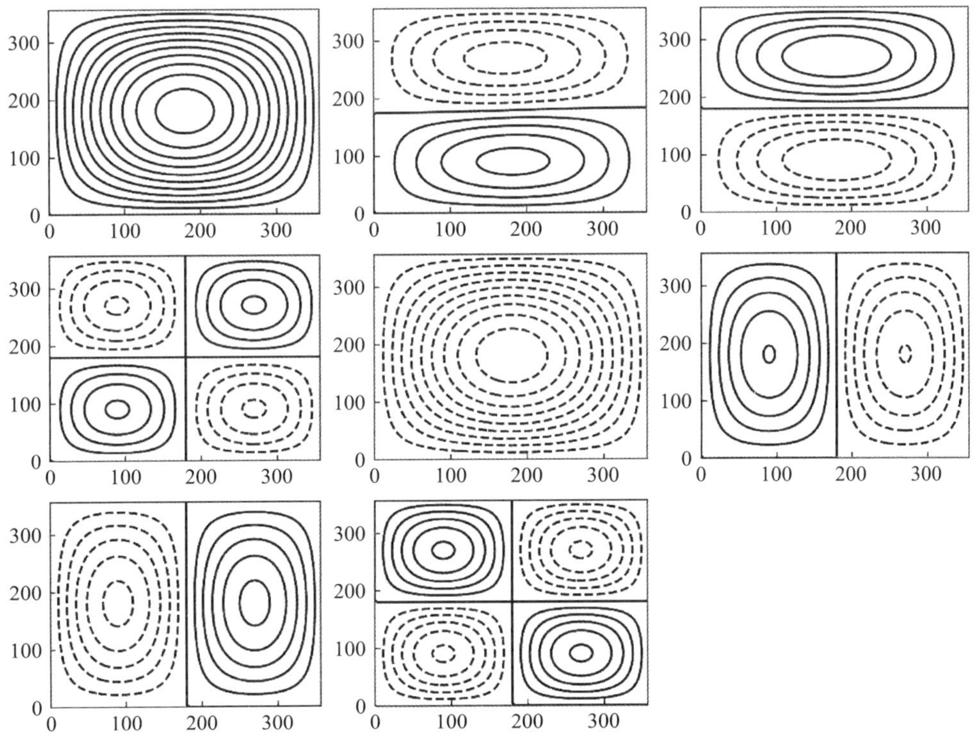

图 5.20　KMeans 分类结果

从图 5.20 可以看出,这 8 类结果与图 5.19 使用的 4 类模态是相对应的。需要注意的是,“KMeans()”函数不会对类别按照一定规律进行排列,给出的标签是随机排列的,在使用中需根据需要进行排列。此外,在实际应用中,分类前还需对数据进行“降维”处理,例如 EOF 分解方法就是一种“降维”方法。感兴趣的读者可以进一步搜寻相关文献。

5.5 动力分析函数

除统计诊断外，气象工作常涉及动力分析，需要计算一些动力诊断量，气象上的多数诊断量涉及差分运算，比如梯度、涡度、散度等。美国国家科学基金会（NSF）的 Unidata 计划开发的 Metpy 模块为气象动力诊断提供了丰富的函数，本节通过介绍其中一些函数使读者了解该模块的主要特点和使用方式。

Metpy 模块常用部分包括“metpy.constants”“metpy.units”和“metpy.calc”，分别是气象上涉及的常数、变量的单位和计算部分。此外，Metpy 也提供了输入输出和绘图部分，本书第 3 章和第 4 章内容足以满足这些部分气象应用的要求，感兴趣的读者也可以自行了解。

使用 Metpy，要求计算的各变量必须有单位，变量的维度和坐标信息明确且有单位。Xarray 的 DataArray 一般为变量提供这些信息，因此，将其用于 Metpy 的计算较为方便，Metpy 本身也基于 Xarray 开发了它的计算函数。

（1）差分计算

在计算机中涉及导数运算时，需要使用差分的方式进行，Metpy 提供了差分计算的函数，“fisrt_derivative()”函数用于计算一阶差分，当然还有二阶差分，此处不进行介绍。在第 4 章绘制矢量图时，用生成的位势高度异常值计算地转风，其中涉及差分运算，此处继续以“wave.grib2.nc”为例进行介绍，利用 Metpy 提供的差分函数计算地转风。

```
1   import xarray as xr
2   import numpy as np
3   import metpy.calc as mpcalc
4   import metpy.units as units
5   import metpy.constants as cons
6   def readat(pth):
7       ds = xr.open_dataset(pth)
8       gh = ds['gh'].loc['2100-01-01'][::-1]
9       lon = gh['longitude']
10      lat = gh['latitude']
11      return lon.to_numpy(),lat.to_numpy(),gh.to_numpy()
```

第 1~11 行，导入 Metpy 模块，读入数据。第 11 行，将读入的数据转成 Ndarray 结构（本身是可以不用转换的，但是为了方便后面讲解“metpy.units”将其先转换成 Ndarray)。

```
12 def calugvg(lon,lat,gh):
13     gh = xr.DataArray(gh,dims=('lat','lon',),
14                       coords={'lat':lat,'lon':lon})
15     gh = gh*units.units.gpm
16     gh['lon'].attrs['units'] = 'degrees_east'
17     gh['lat'].attrs['units'] = 'degrees_north'
18     g = cons.g
19     omega = cons.earth_avg_angular_vel
20     x, y = np.meshgrid(lon,lat)
21     f = 2*omega*np.sin(y*np.pi/180)
```

第 12 行定义子函数，用于计算地转风。输入的“lon”“lat”和“gh”均为 Ndarray 结构，是没有坐标描述和单位的多维数组。第 13~14 行，将“gh”变成 Xarray 结构，使该数组具有维度和坐标的描述。第 15 行，使用“数组 × 单位”的方式为数组提供单位，使用 Metpy 计算时必须保证每个变量均带单位，否则无法计算或者计算结果有误。Metpy 的“units.units”包括几乎气象上常用的所有单位，可使用“dir()”函数进行查看，找到需要使用的单位。

第 16~17 行，为数组“gh”的 2 个维度提供单位，此处使用 Xarray 定义属性的功能，也可以使用 Metpy 的“units.units”为 2 个维度提供单位。第 18~19 行，使用 Metpy 的“constants”，提供地球重力加速度“cons.g”和平均角速度“cons.earth_avg_angular_vel”2 个常数。同样使用“dir()”函数可以查看“cons”有哪些其他常数。第 20~21 行，计算科氏参数。

```
22     ug = -1*g*mpcalc.first_derivative(gh,axis=0)/f
23     vg =    g*mpcalc.first_derivative(gh,axis=1)/f
24     return ug, vg
```

第 22~24 行，利用“mpcalc.first_derivative()”函数计算地转风，并返回地转风数值。其中，“mpcalc.first_derivative()”函数第一个输入参数是需要进行差分的数组，该数组维度和坐标信息必须完备，第二个参数“axis”表示对第几个维度进行差分。第 22 行，相当于计算 $-\frac{g}{f}\frac{\partial h}{a\partial\varphi}$；第 23 行，相当于计算 $\frac{g}{f}\frac{\partial h}{a\cos\varphi\partial\lambda}$。该函数直接利用球坐标系和中央差分格式计算地转风。当提供的数据不是以经纬度标注坐标时，需要提供“dx”和“dy”参数，以及“crs”的投影方式，比如区域模式数据，此处不进行介绍。此处的差分运算没有涉及时间，“mpcalc.

first_derivative()”函数也可以对时间进行差分，同样要求时间的维度和坐标信息完备，时间为Numpy的“datetime64”格式。

```
25 if __name__=='__main__':
26     lon,lat,gh = readat('wave.grib2.nc')
27     ug,vg = calugvg(lon,lat,gh)
```

第25~27行为主函数。对于返回的“ug”和“vg”可以利用第4.3节绘制矢量图的方法进行绘图，得到的结果与图4.17一致。

(2)其他函数

掌握了差分计算，其实就解决了气象上大部分动力诊断量的计算问题。Metpy也为计算其他的量提供了相应的函数，比如地转风。

```
1 import xarray as xr
2 import metpy.calc as mpcalc
3 if __name__=='__main__':
4     ds = xr.open_dataset('wave.grib2.nc')
5     gh = ds['gh'].loc['2100-01-01']
6     ug, vg = mpcalc.geostrophic_wind(gh)
```

由于“wave.grib2.nc”具有完备的维度及坐标信息和单位信息，因此，利用Xarray读入数据后，可直接使用Metpy的函数进行计算。第6行使用“mpcalc.geostrophic()”函数计算地转风，该函数输入的第一个参数为位势高度，得到的结果与图4.17一致。如果读者将“ug”或“vg”打印出来，可以看到这些变量是带单位的Xarray数组。因此，在使用Metpy时，一定要注意数组需要完备的维度和单位信息，通过最后得到的变量的单位还可以检查计算结果是否正确。

对于梯度，可以使用“mpcalc.gradient()”函数。

```
7     gr = mpcalc.gradient(gh)
```

第7行计算梯度，该函数的输入参数是一个标量，计算结果返回输入数组所有维度的梯度组成一个元组，元组的第一个元素是y方向的梯度，第二个元素是x方向的梯度。同样，计算时使用到了球坐标系。如果提供时间维度，它也会计算时间的梯度。

对于相对涡度,可以使用“mpcalc.vorticity()”函数(图 5.21)。

```
    zeta = mpcalc.vorticity(ug,vg)
```

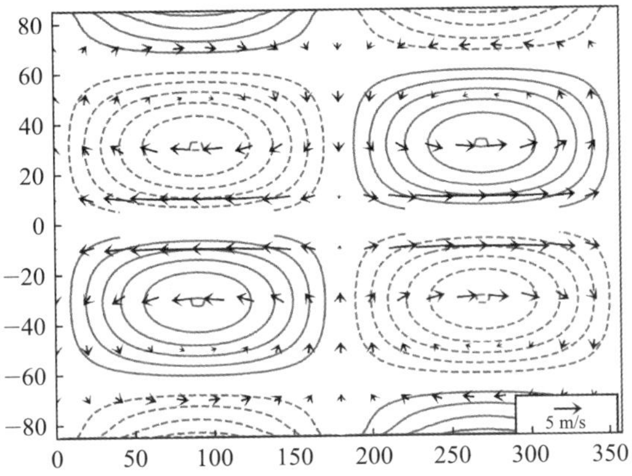

图 5.21　相对涡度

对于散度,使用“mpcalc.divergence()”函数(图 5.22)。

```
    div = mpcalc.divergence(ug,vg)
```

对于流函数、势函数、平流等其他诊断量,Metpy 也提供了相应的函数。建议读者进行动力诊断时先查看 Metpy 是否提供了相应的函数,然后确保使用 Metpy 前数据单位和维度信息的完备。如 Metpy 未提供相应的函数,读者也可使用 Metpy 的差分等运算自行计算(https://unidata.github.io/MetPy)。

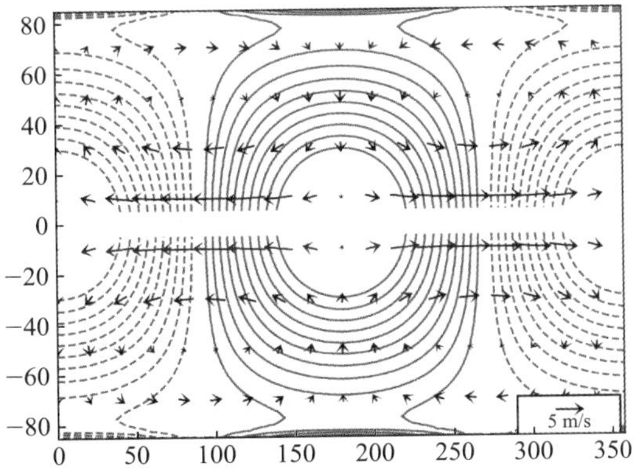

图 5.22　散度

5.6 本章小结

本章主要介绍了利用 Python 处理气象数据,包括时间的处理、散点数值的格点插值、数据的统计和动力分析。在实际使用中,完成一个数据分析任务时,一个模块往往无法满足所有的要求,此时会涉及多个 Python 模块的不同函数,本章仅列出了气象上常用的一些函数,并没有完全将涉及模块的所有函数进行讲解,如果需要用到其他函数,或者需要深入使用某函数时,读者应当阅读相应模块的使用手册或参考文件。由于Python的各类模块都是相对独立开发的,在不同模块中可以找到不同的函数完成相同的任务。因此,建议读者在理解各类方法原理的前提下,形成一套自己的函数使用风格。表 5.1 列出了涉及的主要函数。

表 5.1 数据处理主要函数汇总(模块缩写:datetime 为 dt,numpy 为 np)

分类	函数	用途
时间处理	dt.datetime()	定义“datetime.datetime”格式的时间
	strftime()	将字符串转换成时间,常用 datatime 模块的该函数(在多种涉及时间的模块中均有)
	strptime()	将时间转换成字符串,常用 datatime 模块的该函数(在多种涉及时间的模块中均有)
	dt.timedelta()	定义“datetime.timedelta”格式的时间间隔
	np.datetime64()	定义 Numpy 的“datetime64”格式的时间
	np.timedelta64()	定义 Numpy 的“timedelta64”格式的时间间隔
	num2date()	将整数转换成时间,常用 netCDF4 模块的该函数(在多种涉及时间的模块中均有)
	date2num()	将时间转换成整数,常用 netCDF4 模块的该函数(在多种涉及时间的模块中均有)
	groupby()	Xarray 的 DataArray 结构特有的函数,可利用时间属性将数据进行分组处理(该函数不仅限于时间的分组)
数组变形、拓展和拼接	np.reshape()	数组变形
	flatten()	Numpy 的 Ndarray 变成一维数组函数
	np.moveaxis()	数组维度交换
	np.meshgrid()	将 2 个一维数组复制成二维数组
	np.tile()	复制数组
	np.expand_dims()	拓展数组维度
	np.squeeze()	将数组中长度为 1 的维度删除

续表

分类	函数	用途
数组变形、拓展和拼接	np.vstack()	将二维数组的第 0 维合并
	np.hsatck()	将二维数组的第 1 维合并
	np.concatenate()	将多维数组的指定维度合并
插值处理	scipy.interpolate.griddata()	通过对“method”参数的设置可以用 3 种方法将散点数据插值成格点数据
	scipy.interpolate.RBFInterpolator ()	基于径向函数将散点数据插值成格点数据，提供了丰富的径向函数方法
	metpy.interpolate.interpolate_to_grid()	Metpy 模块提供的将散点数据插值成格点数据的函数，包括了大多数 Scipy 的插值方法；另外，还提供了“barnes”和“cressman”等方法
	scipy.stats.binned_statistic_2d()	Scipy 的统计模块的网格统计函数，可用于将细网格数据升成粗网格数据，即“升尺度”
统计分析	np.mean()	求均值
	np.std() 和 np.var()	求标准差和方差
	np.median()	求中位数
	np.percentile()	求百分位数
	np.cov()	求协方差，返回值为协方差矩阵
	np.corrcoef()	求相关系数，返回值为相关系数矩阵
	np.linalg.lstsq()	多元线性回归
	np.polyfit() 和 np.polyval()	一元线性回归（一阶）或多阶拟合
	scipy.signal.detrend()	时间序列去趋势
	scipy.stats.t()	Student' s *t* 分布函数
	scipy.stats.chi2()	卡方分布函数
	cdf()，ppf() 和 ppf()	分别为 scipy.stats 中各类分布函数的累计概率、累计概率的反函数和概率密度函数，用于显著性检验
	np.fft.fft()	快速傅里叶变换，用于谱分析
	np.fft.fftfreq()	计算傅里叶变换的频率
	np.average()	加权平均，可用于加权滑动平均
	scipy.signal.periodogram()	Scipy 谱分析函数
	scipy.signal.savgol_filter()	滑动平均、二次平滑、三次及以上平滑函数

续表

分类	函数	用途
统计分析	scipy.signal.butter()	Butterworth 滤波器
	scipy.signal.sosfiltfilt()	配合滤波器使用的滤波函数
	np.linalg.eigh()	矩阵特征向量、特征值求解函数，用于 EOF 分解
	np.dot()	矩阵乘法函数
	np.linalg.svd()	SVD 分解函数
	sklearn.cluster.KMeans()	K-Means 聚类分析函数
动力分析	metpy.units.units	Metpy 单位属性，包括气象中常用的单位
	metpy.constants	Metpy 常数属性，包括气象中常用的常数
	metpy.calc.first_derivative()	一阶差分函数
	metpy.calc.geostrophic_wind()	地转风计算函数
	metpy.calc.gradient()	梯度计算函数
	metpy.calc.vorticity()	涡度计算函数
	metpy.calc.divergence()	散度计算函数

第 6 章　机器学习简介

随着科技的不断发展，机器从代替人类从事简单重复的工作，不断发展到能够完成复杂而有难度的任务。现在，人们希望通过机器完成一些创造性的工作，让会“思考”的机器完成更具挑战性的任务，机器学习正成为各行各业的重要工具。在气象领域，对于业务部门，机器学习目前有逐步代替部分人工的趋势，而随之又为具备机器学习知识的气象人员提供了机遇；而科研方面也不再局限于传统的线性方法，机器学习为科研创新提供了非线性的参考，成为加速气象科学发展的实用工具。

Python 高度融合了各类机器学习函数，常用的机器学习模块有由全球众多人员和团队开发的 Scikit-learn、由 Google 的 Brain Team 开发的 Tensorflow、由 Facebook 的人工智能团队开发的 Pytorch 等。此外，还有许多 Python 机器学习模块，包括 Keras、微软的 CNTK(Computational Network ToolKit)等。

广义地讲，给机器输入数据(features)然后通过某种算法输出结果(outputs)，被视为机器学习，如多元线性回归就是一种机器学习；狭义地说，利用神经网络的深度学习被视为机器学习，如 ChatGPT。Scikit-learn 是机器学习的基础版，它收录了大部分与机器学习有关的统计方法。Tensorflow 和 Pytorch 均是用来建立神经网络进行深度学习的模块，如利用它们可以搭建 ChatGPT。Tensorflow 是 Google 开发的，目前虽然可以正常安装，但是安装后无法阅读使用手册。目前 Pytorch 的使用手册在相关网页可以正常访问，因此本书以该模块为例。下面是安装 Scikit-learn 和 Pytorch 的 Conda 命令，由于这两个函数需要的软件支持较多，建议分步安装。

```
> conda install scikit-learn
> conda install pytorch torchvision torchaudio cpuonly -c pytorch
```

6.1　分类问题示例

分类问题常用于图像识别，包括有监督的和无监督的分类。以图像识别为例，有监督分类可以理解为已有类别已确定，当给出一张图片时，只需判断它属于已有类别的哪一类；无监督分类，是将已有的大量图片进行自动分类，分类后可用该模型对新的图片进行分类。下面，以前面 K-Means 的分类结果训练一个卷积神经网络，并对新提供的数据进行识别，与 K-Means 的预测结果进行对比。两者的算法和原理完全不同，但可以完成相同的任务。

```
1   import matplotlib.pyplot as plt
2   import numpy as np
3   from sklearn.cluster import KMeans
4   import torch
5   from torch import nn
6   import torch.optim as optim
7   import torch.nn.functional as func
8   from sklearn.preprocessing import MinMaxScaler
```

第 4~8 行，导入机器学习需使用的模块，包括 Pytorch 本身“torch”（第 4 行）、机器学习算法的基本模块“nn”（第 5 行）及其函数“func”（第 7 行）、优化算法模块“optim”（第 6 行）、Scikit-learn 的归一化处理函数“MinMaxScaler()”（第 8 行）。

```
9   def crdat():
10      x0 = np.arange(100)*360/100
11      y0 = np.arange(100)*360/100
12      x, y = np.meshgrid(x0,y0)
13      V = []
14      for i in range(2):
15          for j in range(2):
16              c = np.sin(0.5*(j+1)*x/180*np.pi)* \
17                  np.sin(0.5*(i+1)*y/180*np.pi)
18              c = c/np.sqrt(np.sum(c**2))
19              V.append(c.flatten())
20      n = 250
21      X = []
22      for i in range(4):
23          theta = np.random.rand(n)*2*np.pi
24          z = 100*np.sin(theta)
```

```
25         z = z.reshape(-1,1)
26         v = V[i].reshape(1,-1)
27         X.append(np.dot(z,v))
28     X = np.array(X)
29     X = X.reshape(-1,len(y0),len(x0))
30     I = np.arange(X.shape[0])
31     np.random.shuffle(I)
32     X = X[I]
33     V = np.reshape(V,(4,len(y0),len(x0)))
34     return x,y,X
```

第 9~34 行，与 K-Means 使用的生成数据函数一致，生成一个 1000×100×100 的数组，数组按照其数据分布特征可分成 8 类，每类样本数约为 125（×100×100）。

```
35 class network(nn.Module):
36     def __init__(self):
37         super().__init__()
38         self.conv1 = nn.Conv2d(1,3,5,stride=(5,5))
39         self.pool = nn.MaxPool2d(2,2)
40         self.conv2 = nn.Conv2d(3,6,5)
41         self.linear1 = nn.Linear(6*3*3,18)
42         self.linear2 = nn.Linear(18,12)
43         self.linear3 = nn.Linear(12,8)
44     def forward(self,x):
45         x = self.conv1(x)
46         x = func.relu(x)
47         x = self.pool(x)
48         x = self.conv2(x)
49         x = func.relu(x)
50         x = self.pool(x)
51         x = torch.flatten(x,1)
52         x = self.linear1(x)
53         x = func.relu(x)
54         x = self.linear2(x)
```

```
55         x = func.relu(x)
56         x = self.linear3(x)
57         return x
```

第 35~57 行，建立一个卷积网络学习模型，将模型设成一个自定义类。第 36~43 行，定义模型中使用的函数，包括 2 个卷积神经网络（第 38 行和第 40 行）、一个池化函数（第 39 行）和 3 个线性层（多神经元层，第 41~43 行）。可以注意到，Pytorch 的模型构建方式类似乐高积木，要保证各个模块的接口吻合，接口指的是每步的数组大小。第 44~57 行是模型的架构，从上面可以看出，原始数据进入这个模型后，经历卷积、激活、池化、再卷积、激活、池化、变形、线性层、激活、线性层、激活、线性层，返回结果。经过这一系列的操作，数据的特征被提取出来。其中，卷积的作用可理解为提取原始数据的特征，激活函数为模型提供非线性的变化，池化进一步凝练数据的特征，变形使多维的特征数据适应线性层，线性层进一步将提取出的特征变成目标值。根据编者的理解，深度机器学习是一个将数据特征进行提取凝练并向目标值靠近的过程。

```
58 def cnn(F,lb,P):
59     net=network()
60     net.zero_grad()
61     cr = nn.CrossEntropyLoss()
62     opt = optim.SGD(net.parameters(), lr=0.001, momentum=0.9)
```

第 58~80 行，完成对模型的训练和预测，一般情况下会将其分成 2 个子函数，为节省篇幅，编者将它们放在一起。第 58 行，该函数需要 3 个输入参数，第一个参数是输入的训练数据，第二个参数是训练数据对应的分类（目标分类），第三个参数是预测数据，使用训练出的模型得到预测数据对应的分类。第 59 行，调用模型赋予变量“net”。第 60 行，将模型中“记忆”的向量清零。第 61 行，调用损失函数。第 62 行，调用优化函数。需注意，Pytorch 提供了多种损失函数和优化函数，分类问题和回归问题使用的函数不同，需要针对不同的问题使用不同的函数。

```
63     F = torch.tensor(F)
64     lb = torch.tensor(lb)
65     F = F.reshape(-1,10,1,100,100)
66     lb = lb.reshape(-1,10)
```

第 63~64 行，将数组变成张量（“tensor”），此处的“tensor”与 Numpy 中的“tensor”是有区

别的，Pytorch 中的“tensor”具备“记忆力”，它可以将作用于自身的算法“记住”，可进行回算。第 65 行，进行数组变形，将前两维分成每组 10 个的 100 组数据；第三维值为 1，表示通道数，二维卷积可以对多个通道进行卷积，可以为不同的输入特征或变量（例如，jpg 格式是三通道的）；最后两维是空间格点。第 66 行，需要将目标函数变成相同的每组 10 个的 100 组数据。

```
67      for epoch in range(100):
68          for i, data in enumerate(zip(F,lb)):
69              inputs,labels = data
70              opt.zero_grad()
71              outputs = net(inputs)
72              loss = cr(outputs,labels)
73              loss.backward()
74              opt.step()
```

第 67~74 行，开始模型训练。第 67 行，将训练数据在模型中迭代 100 次，可以根据损失函数提前跳出循环。需要注意的是，并非迭代的次数越多越好，会出现过拟合的问题，迭代的次数需要根据实际问题进行设置。第 68 行和第 69 行，第二层循环让模型分成 100 组对数据进行学习。第 70 行，每次将优化函数清零。第 71 行，调用模型进行运算。第 72~74 行，利用优化函数调整模型参数。

```
75      P = torch.tensor(P)
76      P = P.reshape(-1,1,100,100)
77      pred = net(P)
78      _,lb0 = torch.max(pred,1)
79      lb0 = lb0.numpy()
80      return lb0
```

第 75~76 行，将预测数据变成张量。第 77 行，利用训练好的模型进行预测。读者也可以利用“pickle”存储模型，或者利用 Pytorch 的“torch.save()”函数将模型进行存储，然后通过“torch.load()”进行调用。第 78 行，利用“torch.max()”选出概率最大的分类。第 79 行，将张量转换成 Ndarray，返回（第 80 行）。

```
81  if __name__=='__main__':
82      x,y,X = crdat()
```

```
83      F = X.reshape(X.shape[0],-1)
84      model = KMeans(n_clusters=8,init='k-means++')
85      kmeans = model.fit(F)
86      lb = kmeans.labels_
```

从第 81 行开始为主函数。第 82 行，生成训练数据。第 83~86 行，使用 K-Means 进行分类。

```
87      x,y,X0 = crdat()
88      lb_km = kmeans.predict(X0.reshape(X0.shape[0],-1))
```

第 87 行，生成一个预测数据。第 88 行，利用前面训练的 K-Means 模型对“X0”进行分类，用于与卷积分类的结果进行比较。

```
89      scaler = MinMaxScaler().fit(F)
90      X = scaler.transform(F).reshape(X.shape)
91      F0 = X0.reshape(X0.shape[0],-1)
92      X0 = scaler.transform(F0).reshape(X0.shape)
```

在机器学习过程中，将数据进行归一化处理，处理至 0~1 或 -1~1 后，更有利于数据训练的快速收敛。第 89 行，利用 Scikit-learn 的“MinMaxScaler()”函数将第 82 行得到的数据归一化至 0~1。第 92 行则将第 87 行得到的数据，利用第 89 行得到的最大值和最小值进行归一化处理，保证预测集和训练集数据使用同样的处理过程。

```
93      X = X.astype(np.float32)
94      lb = lb.astype(np.int64)
95      X0 = X0.astype(np.float32)
```

Pytorch 的输入属性是“float32”格式的，而输入的标签须是“int64”格式的，因此，第 93~95 行，将输入的训练集“X”和预测集“X0”变成“float32”格式，将训练标签“lb”变成“int64”格式。

```
96      lb_cnn = cnn(X,lb,X0)
97      print(np.corrcoef(lb_cnn,lb_km))
[[1.         0.98325362]
```

```
 [0.98325362 1.        ]]
```

通过卷积神经网络对预测集的数据进行分类的辨认(第 96 行),将其与 K-Means 方法得到的标签进行比较,两者的相关系数约为 0.98。感兴趣的读者可以进一步绘出各个标签对应的图形。

6.2　回归问题示例

回归问题,类似多元线性回归。有了预测因子和预测量,可通过建立预测因子和预测量间的非线性模型进行预测。下面代码利用 Scikit-learn 的“MLPRegressor()”建立一个多层神经元网络(multi-layer procetron),使用地转风预测位势高度。该网络也可以用 Pytorch 建立,代码相对复杂。

```
1    import xarray as xr
2    import numpy as np
3    import metpy.calc as mpcalc
4    import matplotlib.pyplot as plt
5    from sklearn.preprocessing import MinMaxScaler
6    from sklearn.neural_network import MLPRegressor
7    if __name__=='__main__':
8        ds = xr.open_dataset('wave.grib2.nc')
9        gh = ds['gh']
10       lon = gh['longitude'].to_numpy()
11       lat = gh['latitude'].to_numpy()
12       ug, vg = mpcalc.geostrophic_wind(gh)
```

第 1~12 行,导入需要的模块和函数,读入“wave.grib2.nc”数据;利用 Metpy 计算地转风“ug”和“vg”。

```
13       gh_t = gh[:,:,:73]
14       ug_t = ug[:,:,:73].to_numpy()
15       vg_t = vg[:,:,:73].to_numpy()
16       lont = gh_t['longitude'].to_numpy()
```

```
17     latt = gh_t['latitude'].to_numpy()
18     gh_t = gh_t.to_numpy()
19     lon_t, lat_t = np.meshgrid(lont,latt)
20     lon_t = np.tile(lon_t,(12,1,1))
21     lat_t = np.tile(lat_t,(12,1,1))
22     lat_t = lat_t/180*np.pi
23     lon_t = lon_t/180*np.pi
24     msk = lat_t==0
25     ug_t[msk] = 0
26     vg_t[msk] = 0
```

第 13~26 行，截取“gh”“ug”和“vg”在 0°~180° 的数值作为训练数据，用于预测 180°~360° 的数值。由于机器学习中不能出现“nan”值，第 24~26 行将赤道处的风速简单地设为 0。

```
27     Yt = gh_t.reshape(1,-1)
28     Xt = np.vstack((Yt,
29                   lat_t.reshape(1,-1),
30                   # lon_t.reshape(1,-1),
31                   ug_t.reshape(1,-1),
32                   vg_t.reshape(1,-1)))
33                   Xt = Xt.T
34     scaler = MinMaxScaler(feature_range=(-1,1))
35     scaler.fit(Xt)
36     Xt = scaler.transform(Xt)
```

机器学习前，用“MinMaxScaler()”函数将数据进行归一化处理。第 28 行，将预测量“Yt”放入“Xt”进行归一化处理，归一化处理时是针对每个 feature，它们间相互独立。

```
37     model = MLPRegressor(
38        hidden_layer_sizes=(12,36,128,36,12,),
39        activation='tanh',
40        solver='adam',batch_size=200,
41        learning_rate='invscaling')
42     model.fit(Xt[:,1:],Xt[:,0])
```

第 37~41 行，构建模型。此处使用“hidden_layer_sizes”参数设置了 5 层（除去输入和输出层）神经网络，元组内的数值表示每层神经元的个数。其余的参数，有激活函数“tanh”、优化函数“solver”、学习分组大小“batch_size”和学习速率“learning_rate”。该模型也可以用 Pytorch 的“nn.Linear()”构建。第 42 行对模型进行训练。训练后可以用“pickle”模块对模型进行存储，下次不需训练直接使用。

```
43        ug = ug.to_numpy()
44        vg = vg.to_numpy()
45        x, y = np.meshgrid(lon,lat)
46        y = np.tile(y,(12,1,1))
47        x = np.tile(x,(12,1,1))
48        y = y/180*np.pi
49        x = x/180*np.pi
50        msk = y==0
51        ug[msk]=0
52        vg[msk]=0
53        Xp = np.vstack((np.zeros((1,len(y.flatten()))),
54                        y.reshape(1,-1),
55                        # x.reshape(1,-1),
56                        ug.reshape(1,-1),
57                        vg.reshape(1,-1)))
58        Xp = Xp.T
59        Xp = scaler.transform(Xp)
```

第 43~59 行，将 0°~360° 的数据一起进行归一化处理。

```
60        Yp = model.predict(Xp[:,1:])
61        Xp[:,0] = Yp
62        Xp = scaler.inverse_transform(Xp)
63        Yp = Xp[:,0]
64        gh_p = gh.to_numpy().copy()*np.nan
65        gh_p = Yp.reshape(gh_p.shape)
```

将预测数据处理后，第 60 行进行预测。预测完成后，预测的数据为 -1~1，需要使用归一化函数的反向函数，将其变成与训练数据相同的范围内。如果预测集中数值超出了训练集内数据的范围，就会造成误差。例如，读者可以将第 30 行和第 55 行的注释取消，这样就可以考虑经度作为预报因子。读者可以发现，得到的结果会出现较大的问题。这是因为训练的经度是 0°~180°，预测时用到的经度是 180°~360°，超出了训练时的经度范围，机器无法很好地处理没有学习过的数据。

请读者使用前面学习过的内容，绘出“gh_t”“gh_p”和“gh”这三个变量的图形并进行比较(图 6.1)，绘图部分代码省略。从图中可以看出，除了极大值所在的纬度，模型基本可以预测出数据的空间分布。出现这种问题的原因，首先，数据量较少；其次，模式可以进一步优化；第三，位势高度还与经度有关，但是经度并未作为预报因子。机器学习是基于数据的工具，数据多多益善，最好能包括预测会出现的所有情况，这样在使用中才能够取得较好的效果。但是，如果出现训练时未出现的预报因子，机器学习就不会给出较好的结果。

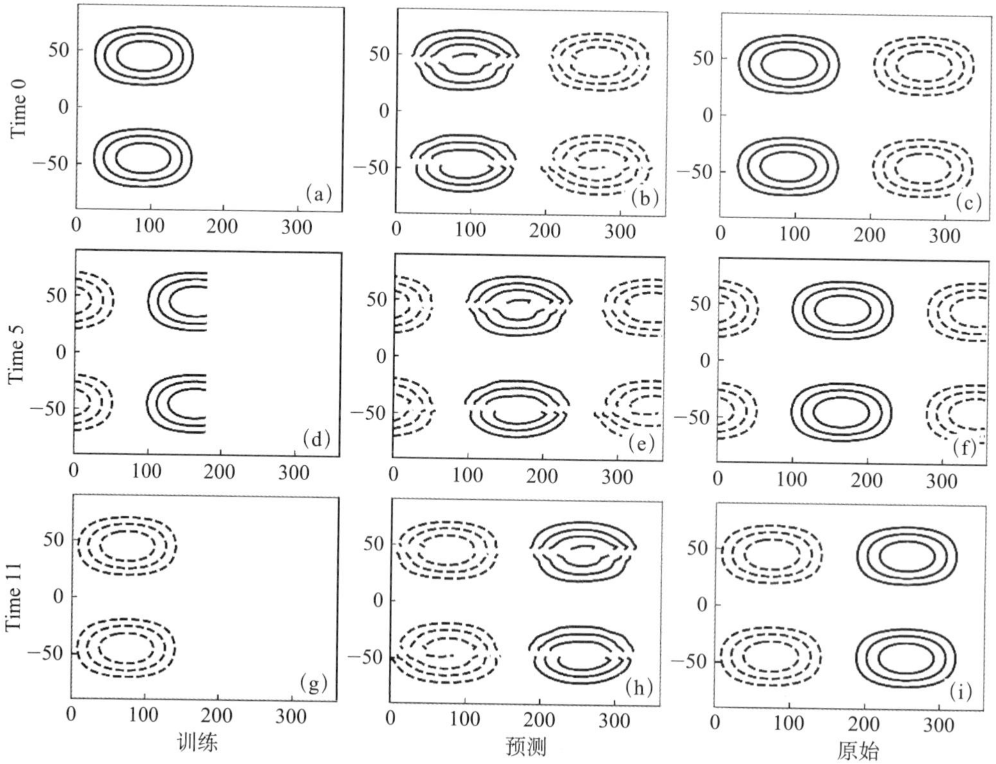

图 6.1　第一列为 Time 为第 0、5、11 的训练集数据，数据仅在 0°~180° 有值；第二列为预测结果；第三列为原始数据

最后，对于机器学习，模型的构建更偏向于工程，需要不断尝试和调整。有时我们认为较好的结构，不一定会有好的预测结果，其中的原因很难解释。随着训练数据的变化，模型的参

数跟着一起变，这也是很难给出解释的一个重要原因。一般情况下，模型建好后，训练需要大量的包含有用信息的数据，这样的数据越多越全，训练出的模型就越好用；如将无用的数据放入，可能会对结果带入较多的误差。一般在使用机器学习时，更倾向于选择有物理依据和联系的变量作为预报因子。

6.3　本章小节

编者认为，机器学习是偏工程性应用且需要经验的工具，在实际应用中需要不断调整各参数，调整模型的结构，以期达到最优的结果。在了解机器学习的优缺点后，才能够更灵活地使用该工具。机器学习的结果，可以作为重要的参考，但是最终的决策应当由人类完成。